BREV
MATHÉMATIQUES

Repères clés | **3e** toutes séries

Avec la collaboration de

Pierre Larivière

Suivi éditorial

EdiStart

rue des écoles

Sommaire

Organisation et gestion des données, fonctions

Fonctions

Statistique et probabilités

Nombres et calculs

Nombres entiers et rationnels

Calculs élémentaires sur les radicaux

Écritures littérales

Équations et inéquations du premier degré

Géométrie

Figures planes

Configurations dans l'espace

Grandeurs et mesures

Aires et volumes

Grandeurs composées, changement d'unités

Notion de fonction

LE COURS À ÉCOUTER

L'essentiel du cours

Il existe quatre façons de définir une fonction.

Avec une phrase

Soit f la fonction qui, à un nombre, associe son carré.

Avec une formule

$f : x \mapsto x^2$ ou $f(x) = x^2$. On dit alors que x^2 est l'image de x par la fonction f.

Avec un tableau

x	-3	-2	0	$\frac{3}{4}$	1	$1{,}3$	3
$f(x)$	9	4	0	$\frac{9}{16}$	1	$1{,}69$	9

Pour calculer les valeurs de la seconde ligne, on élève au carré les nombres de la première ligne.
On a : $f(-3) = (-3)^2 = 9$, $f(-2) = (-2)^2 = 4$, etc.
On dit que 9 est l'image de -3 par la fonction f.
-3 est un antécédent de 9 par la fonction f.

Avec un graphique

Pour tracer la fonction, on utilise un tableau de valeurs : les valeurs de x sont en abscisse et celles de $f(x)$ en ordonnée pour chaque point.

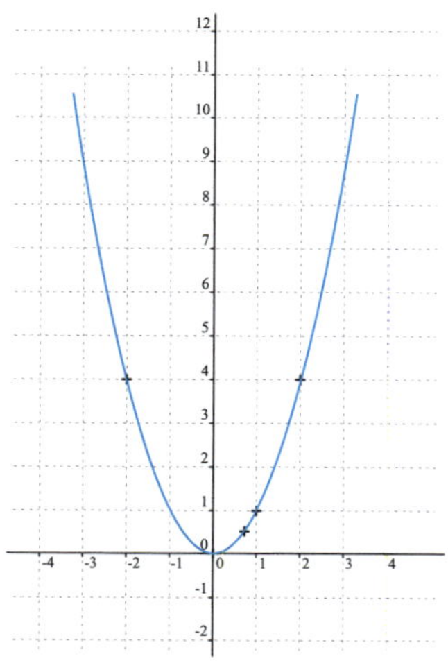

Notions à connaître

Variable

Dans l'expression $f(x) = 3x + 5$, la lettre x représente un nombre qui n'est pas fixé : c'est une variable.
Si $x = 0$, $f(0) = 3 \times 0 + 5 = 5$.
Si $x = 2$, $f(2) = 3 \times 2 + 5 = 11$.
Si $x = \pi$, $f(\pi) = 3 \times \pi + 5 = 3\pi + 5$.

REPÈRE DU PLAN

Définition

Un repère du plan est formé de deux axes, ayant la même origine.
Sur chacun de ces axes ont été définis un segment unité et un sens positif.

Remarques

Un repère orthogonal est formé de deux axes perpendiculaires. Dans un repère orthonormé (ou orthonormal), outre les deux axes sont perpendiculaires, l'unité sur chaque axe est représentée par des segments de même longueur.

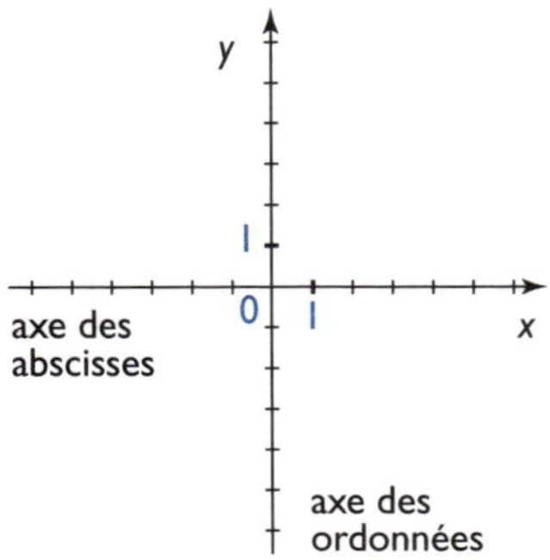

ORIGINE D'UN REPÈRE

L'origine d'un repère du plan, souvent notée O, est le point d'intersection de l'axe des abscisses et de l'axe des ordonnées. Il a pour coordonnées (0 ; 0).

COORDONNÉES D'UN POINT

Définition

Dans un repère du plan, on a besoin de deux nombres pour indiquer la position d'un point : ce sont ses coordonnées. La première coordonnée, l'abscisse, se lit sur l'axe horizontal (l'axe des abscisses) ; la seconde, l'ordonnée, se lit sur l'axe vertical (l'axe des ordonnées).

Exemple

Dans le repère ci-après, le point A a pour abscisse 2 et pour ordonnée 1.
On écrit A(2 ; 1).

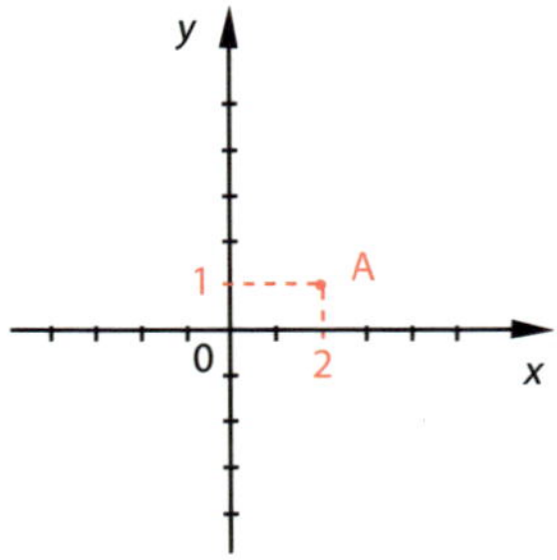

« EN FONCTION DE... »

Exemple

Le graphique ci-après donne la consommation d'essence d'une voiture en fonction de la distance parcourue à vitesse constante. On peut, par exemple, y lire que la voiture consomme 5 litres d'essence pour 100 kilomètres parcourus.

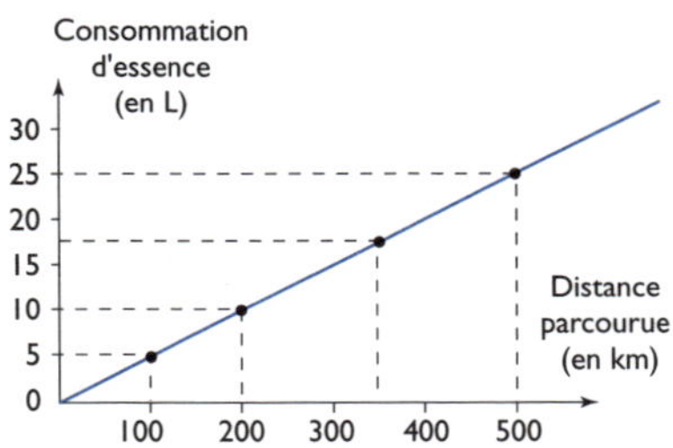

Définition et représentation graphique d'une fonction linéaire

L'essentiel du cours

LE COURS À ÉCOUTER

Définir une fonction linéaire

Définition

Étant donné un nombre a, le procédé de calcul qui, à tout nombre x, associe le nombre ax est une fonction linéaire de coefficient a.

Notations

On désigne souvent les fonctions par les lettres f, g ou h.
On écrit $f : x \mapsto ax$. Cela signifie : f est la fonction linéaire qui, à tout nombre x, associe le nombre ax, appelé image de x par la fonction f.
On écrit aussi : soit f définie par $f(x) = ax$.
f est une fonction et x est le nombre dont on cherche l'image par f.
$f(x)$ est donc l'image de x.

Exemple

Soit f définie par $f(x) = 1{,}45x$. On veut calculer l'image de $-3{,}2$ par f.
On calcule $1{,}45 \times (-3{,}2)$ et on écrit : $f(-3{,}2) = -4{,}64$.

Représenter graphiquement une fonction linéaire

Propriété

La représentation graphique de la fonction linéaire $f : x \mapsto ax$ est une droite de coefficient directeur a qui passe par l'origine et le point de coordonnées (1 ; a).

Exemple

Soit la fonction linéaire f définie par $f(x) = -x$.
Sa représentation graphique est une droite D qui passe par l'origine.
Pour construire D, il suffit de déterminer les coordonnées d'un autre de ses points, c'est-à-dire un nombre et son image par f.

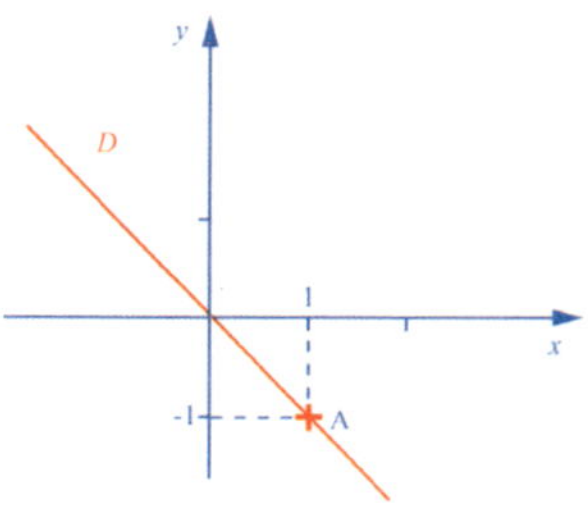

Par exemple : $f(1) = -1$.
La droite D passe par A(1 ; -1).
Le coefficient de la fonction linéaire (ici, -1) est appelé coefficient directeur de la droite.

Exercice de Brevet

Extrait du sujet Asie, juin 2011

En physique, la tension U aux bornes d'une résistance est proportionnelle à l'intensité I du courant qui la traverse, c'est-à-dire : $U = R \times I$ où R (valeur de la résistance) est le coefficient de proportionnalité.
On rappelle que l'unité d'intensité est l'ampère et que l'unité de tension est le volt.

Intensité I (en ampères)	0,02	0,03	0,04	0,08
Tension U (en volts)	3	4,5	6	12

1. a) Vérifier que ce tableau est un tableau de proportionnalité.
b) Quel est le coefficient de proportionnalité ?

2. On nomme f la fonction qui donne la tension U en fonction de l'intensité I. Préciser la nature de la fonction f et donner l'expression algébrique de $f(1)$.

3. Dans le repère donné, tracer la représentation graphique de la fonction f.

4. Lire graphiquement l'intensité quand $U = 10$ volts (donner une valeur approchée avec la précision permise par le graphique). Déterminer par un calcul la valeur exacte de l'intensité quand $U = 10$ volts.

Correction

1. a) $\dfrac{3}{0,02} = \dfrac{4,5}{0,03} = \dfrac{6}{0,04} = \dfrac{12}{0,08} = 150,$ donc le tableau est bien un tableau de proportionnalité.
b) Le coefficient de proportionnalité de ce tableau est 150 : $R = 150$.

2. Le tableau est un tableau de proportionnalité, donc sa représentation graphique est une droite passant par l'origine du repère : f est une fonction linéaire dont l'expression est de la forme $f(x) = ax$. $a = f(1) = 150$ donc $f(x) = 150x$ pour tout x positif.

3. Pour tracer la représentation graphique de f, on utilise le fait que $f(0,10) = 150 \times 0,10 = 15$.

4. Graphiquement, pour $U = 10$ volts, $I \approx 0,066$ ampères.
Par le calcul, $U = R \times I$ donc $I = \dfrac{U}{R} = \dfrac{10}{150} \approx 0,067$ ampères au millième près.

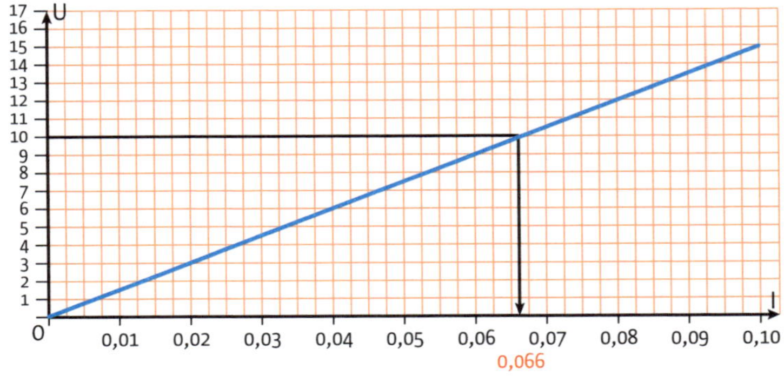

Image et antécédent par une fonction linéaire

L'essentiel du cours

LE COURS À ÉCOUTER

Déterminer une fonction linéaire à partir d'un nombre et de son image

Exemple

f est la fonction linéaire telle que -12 a pour image 28.
Déterminer f.
f étant définie par une relation de la forme $f(x) = ax$, il s'agit de calculer a.
$f(-12) = 28$ et donc $a \times (-12) = 28$ on obtient alors :
$a = \frac{28}{-12} = -\frac{28}{12} = -\frac{7}{3}$.
Conclusion : f est définie par $f(x) = -\frac{7}{3}x$.

Remarque

On peut aussi déterminer une fonction linéaire à partir de la droite D qui la représente graphiquement : les coordonnées $(x\ ;y)$ d'un point de D correspondent à un nombre, x, et à son image, y, par la fonction.

Exploiter la représentation graphique d'une fonction linéaire

- La distance parcourue par un cycliste à vitesse constante est une fonction linéaire du temps.
Chercher la distance parcourue en 3 h, c'est chercher l'image de 3 par cette fonction f.
On lit que : $f(3) = 45$.
Réponse : 45 km.

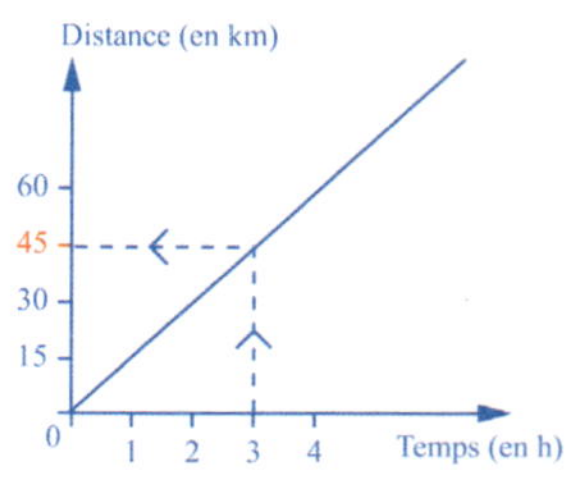

- On cherche maintenant quel temps a mis le cycliste pour faire 60 km. Cela revient à chercher quel nombre a pour image 60.
On lit que : $60 = f(4)$.
Le cycliste a donc mis 4 h.

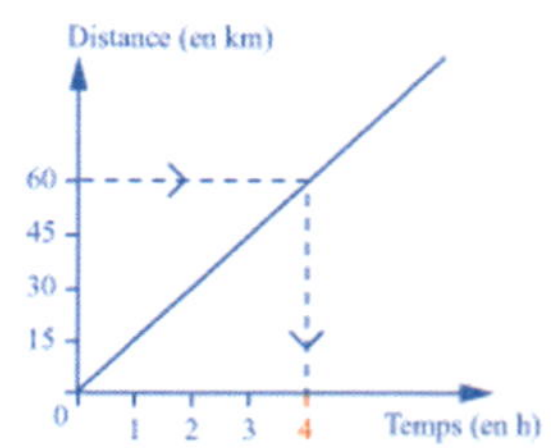

Exercice de Brevet

Extrait du sujet national, juin 2010

L'eau, en gelant, augmente de volume. Le segment de droite ci-après représente le volume de glace (en litres) obtenu à partir d'un volume d'eau liquide (en litres).

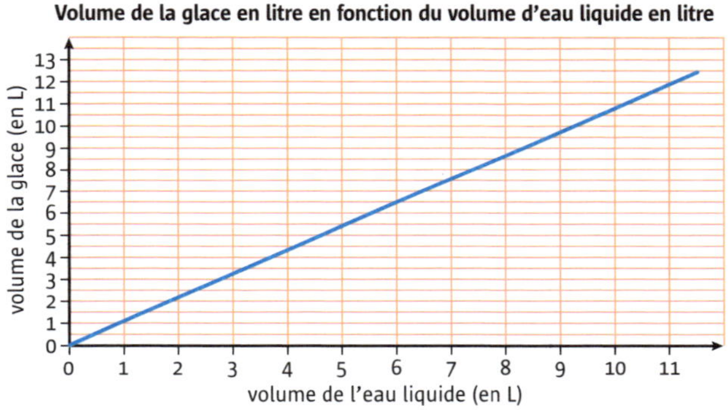

1. En utilisant le graphique, répondre aux questions suivantes.

a) Quel est le volume de glace obtenu à partir de 6 litres de liquide ?

b) Quel volume d'eau liquide faut-il mettre à geler pour obtenir 10 litres de glace ?

2. Le volume de glace est-il proportionnel au volume d'eau liquide ? Justifier.

3. On admet que 10 litres d'eau donnent 10,8 litres de glace. De quel pourcentage ce volume d'eau augmente-t-il en gelant ?

Correction

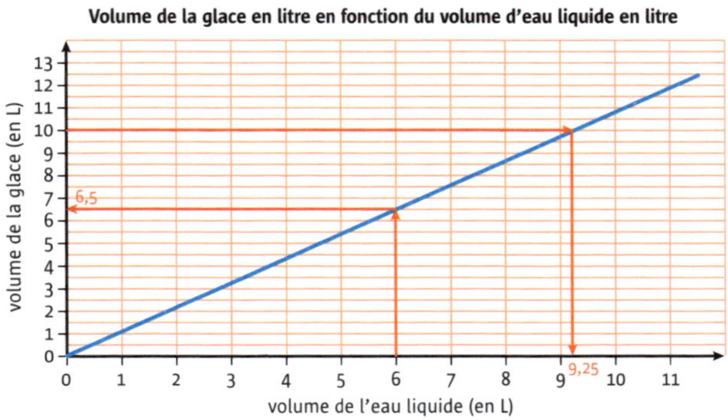

1. a) À partir de 6 litres de liquide, on obtient environ 6,5 L de glace.

b) Pour obtenir 10 litres de glace, il faut mettre à geler environ 9,25 L d'eau liquide.

2. Oui, le volume de glace est proportionnel au volume d'eau liquide car la représentation graphique est une droite qui passe par l'origine.

3. Le volume de 10 litres d'eau augmente de 0,8 L en gelant.

Le volume d'eau augmente donc de $\frac{0,8}{10} \times 100 = \frac{0,8 \times 100}{10} = \frac{80}{10} = 8\,\%$ en gelant.

Fonction linéaire et proportionnalité

L'essentiel du cours

Le coefficient de proportionnalité

Définition

- Deux suites de nombres sont proportionnelles si l'on peut passer des nombres de l'une des suites aux nombres correspondants de l'autre suite en multipliant par un même nombre : le coefficient de proportionnalité. Les quotients des nombres correspondants de deux suites proportionnelles sont égaux.
- Toute situation de proportionnalité peut se traduire par une fonction linéaire.

Exemple

Dans une boulangerie, la baguette de campagne coûte 0,64 €. Appelons x le nombre de baguettes achetées. Le prix à payer est donc égal à $0{,}64x$.
Cette situation de proportionnalité peut se traduire par la fonction linéaire $x \mapsto 0{,}64x$.

Le coefficient multiplicateur

- Prendre t % d'une valeur correspond au coefficient multiplicateur $\frac{t}{100}$.
- Une augmentation de t % correspond au coefficient multiplicateur $1 + \frac{t}{100}$.
- Une diminution de t % correspond au coefficient multiplicateur $1 - \frac{t}{100}$.
- « Nouveau » = « Ancien » × « coefficient multiplicateur » (que l'on parle de prix, de population...).

Applications

Résoudre un problème de hausse de pourcentage

- La règle : pour déterminer la nouvelle valeur d'un nombre après une augmentation de t %, on le multiplie par $(1 + \frac{t}{100})$.
- Explication :

1, on part du nombre, on va donc le multiplier par 1 ;
+, c'est une augmentation ;
$\frac{t}{100}$ correspond à t % du nombre.
On multiplie donc le nombre par 1 augmenté du pourcentage.

● Démonstration : soit N le nombre. Pour calculer la valeur après l'augmentation, on calcule N + t % de N.

Soit $N + \frac{t}{100} \times N$.

On met en facteur N : $N\,(1 + \frac{t}{100})$.

● Exemple 1 : un article coute 50 €, son prix augmente de 30 %, calculer le nouveau prix de l'article.

$50 \times (1 + \frac{30}{100}) = 50 \times 1{,}30 = 65$. Le nouveau prix est donc de 65 €.

● Exemple 2 : une voiture coûte neuve 23 000 €, son prix augmente de 2,5 %, calculer le nouveau prix de la voiture.

$23\,000 \times (1 + \frac{2{,}5}{100}) = 23\,000 \times 1{,}025 = 23\,575$. Le nouveau prix est donc de 23 575 €.

Résoudre un problème de baisse de pourcentage

● La règle : pour déterminer la nouvelle valeur d'un nombre après une diminution de t %, on le multiplie par $(1 - \frac{t}{100})$.

On multiplie le nombre par 1 diminué du pourcentage.

● Exemple 1 : un article coute 50 €, son prix diminue de 30 %, calculer le nouveau prix de l'article.

$50 \times (1 - \frac{30}{100}) = 50 \times 0{,}7 = 35$. Le nouveau prix est donc de 35 €.

● Exemple 2 : une voiture coûte neuve 23 000 €, son prix diminue de 2,5 %. Calculer le nouveau prix de la voiture.

$23\,000 \times (1 - \frac{2{,}5}{100}) = 23\,000 \times 0{,}975 = 22\,425$. Le nouveau prix est donc de 22 425 €.

Calculer des intérêts

Appliquer plusieurs pourcentages

● Exemple : un article coûte 125 €, son prix diminue une première fois de 10 %, puis de 20 %, encore de 30 % et enfin de 40 %. Quel est le coût final de l'article ?

● Le piège serait d'additionner les pourcentages et de dire que l'article est gratuit ! Chaque pourcentage s'applique successivement et non au prix de départ. On applique donc successivement les coefficients :

$$125 \times (1 - \frac{10}{100}) \times (1 - \frac{20}{100}) \times (1 - \frac{30}{100}) \times (1 - \frac{40}{100}) = 125 \times 0{,}9 \times 0{,}8 \times 0{,}7 \times 0{,}6 = 37{,}8.$$

Après cette succession de diminutions, l'article coûte encore 37,80 €.

Retrouver un prix initial, connaissant le prix final

● Exemple : pendant les soldes un article coûte 50 €, les soldes sont de 20 %. Quel était le prix de l'article avant remise ?

● On sait que : « Prix pendant » = « Prix avant » × $(1 - \frac{t}{100})$ (les soldes sont des diminutions).

50 = « Prix avant » × $(1 - \frac{20}{100})$.

50 = « Prix avant » × 0,8.

« Prix avant » = 50 ÷ 0,8 = 62,5. Le prix avant les soldes était donc de 62,50 €.

Définition et représentation graphique d'une fonction affine

L'essentiel du cours

LE COURS À ÉCOUTER

Définir une fonction affine

Définition

Étant donné deux nombres a et b, le procédé de calcul qui, à tout nombre x, associe le nombre $ax + b$ est une fonction affine.

Notations

En général, on désigne une fonction par les lettres f, g ou h.
On écrit $f : x \mapsto ax + b$ ou, plus souvent, $f(x) = ax + b$.
Cela signifie : l'image de x par la fonction f est $ax + b$.

Exemples

- Soit $f : x \mapsto 2x - 5$. On veut calculer l'image du nombre 1 par f.
$2 \times 1 - 5 = -3$; on écrit : $f(1) = -3$.

- On a : $g(x) = \dfrac{4x - 3}{2} = 2x - \dfrac{3}{2}$.
g est une fonction affine avec $a = 2$ et $b = -\dfrac{3}{2}$.

Cas particuliers

- Si $b = 0$, on obtient la fonction linéaire : $x \mapsto ax$.
- Si $a = 0$, on obtient la fonction constante : $x \mapsto b$.

Représenter graphiquement une fonction affine

Propriété

Dans un plan muni d'un repère (O ; I ; J), la représentation graphique de la fonction affine $x \mapsto ax + b$ est la droite d'équation : $y = ax + b$.
a est le coefficient directeur de la droite et b est son ordonnée à l'origine.

Exemples

- Soit la fonction affine f définie par $f(x) = 2x - 1$. Sa représentation graphique est une droite D. Pour la tracer, deux points suffisent. On a $f(-1) = -3$ et $f(1) = 1$ donc les points A(−1 ; −3) et B(1 ; 1) appartiennent à D.
- La représentation graphique de la fonction affine $x \mapsto -2x + 5$ est la droite d'équation $y = -2x + 5$. Cette droite a pour coefficient directeur −2 et pour ordonnée à l'origine, 5.

Cas particuliers

- Si $f(x) = b$, la fonction f est constante : sa représentation graphique est une droite d'équation $y = b$. Cette droite est parallèle à l'axe des abscisses.
- Si $f(x) = ax$, la fonction f est linéaire : sa représentation graphique est une droite d'équation $y = ax$, qui passe par l'origine du repère.

Exercice de Brevet

Extrait du sujet Centres étrangers, juin 2013

Le nombre d'abonnés à une revue dépend du prix de la revue.
Pour un prix x compris entre 0 et 20 €, le nombre d'abonnés est donné par la fonction A telle que : $A(x) = -50x + 1\,250$.
La recette, c'est-à-dire le montant perçu par l'éditeur de cette revue, est donnée par la fonction R telle que : $R(x) = -50x^2 + 1\,250x$.

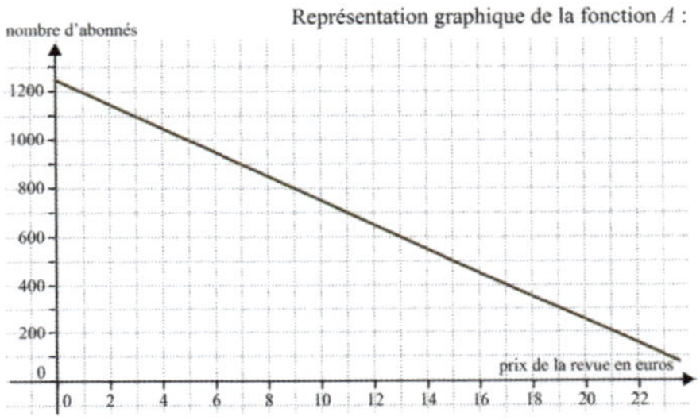

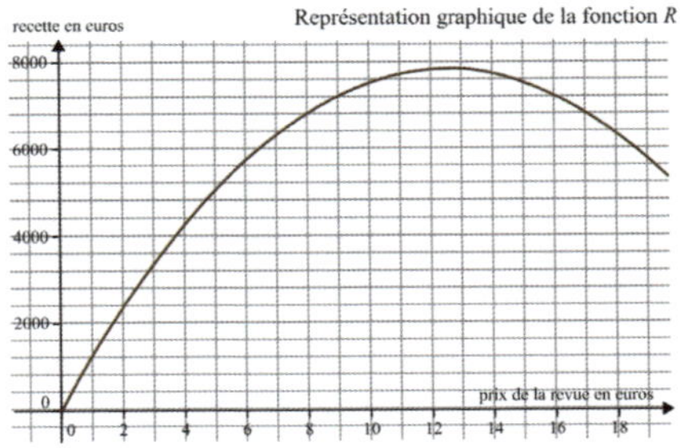

1. Le nombre d'abonnés est-il proportionnel au prix de la revue ? Justifier.
2. Vérifier, par le calcul, que $A(10) = 750$ et interpréter concrètement ce résultat.
3. La fonction R est-elle affine ? Justifier.
4. Lorsque la revue coûte 5 €, déterminer le nombre d'abonnés et la recette.

Correction

1. Une situation de proportionnalité est représentée graphiquement par une droite passant par l'origine du repère (qui elle-même représente graphiquement une fonction linéaire).
La représentation graphique de la fonction A, qui donne le nombre d'abonnés en fonction du prix de la revue, est une droite mais elle ne passe pas par l'origine du repère.
Le nombre d'abonnés n'est donc pas proportionnel au prix de la revue.

2. $A(x) = -50x + 1\,250$ pour $0 < x < 20$, donc pour $x = 10$:
$A(10) = -50 \times 10 + 1\,250 = -500 + 1\,250 = 750$.
Lorsque la revue coûte 10 €, elle compte 750 abonnés.

3. La représentation graphique d'une fonction affine est une droite. La représentation graphique de la fonction R n'est pas une droite, donc la fonction R n'est pas affine.

4. Lorsque la revue coûte 5 €, le nombre d'abonnés est :
$A(5) = -50 \times 5 + 1\,250$
$A(5)= -250 + 1\,250 = 1\,000$.
Lorsque la revue coûte 5 €, la recette est :
$R(5) = -50 \times 5^2 + 1\,250 \times 5$
$R(5) = -50 \times 25 + 6\,250$
$R(5) = -1\,250 + 6\,250 = 5\,000$ €.

Image et antécédent par une fonction affine

L'essentiel du cours

Déterminer une fonction affine à partir des images de deux nombres

Exemple

On veut déterminer la fonction affine f, telle que 1 ait pour image −1 et 2 ait pour image 10.
f est de la forme $f(x) = ax + b$. Il s'agit donc de déterminer a et b.

Méthode

1 a pour image −1 entraîne $f(1) = -1$ donc $a + b = -1$.
2 a pour image 10 entraîne $f(2) = 10$ donc $2a + b = 10$.
Lorsqu'on soustrait membre à membre les deux égalités, les coefficients b s'annulent. On obtient $a = 10 - (-1) = 11$.
En remplaçant a par 11 dans l'une des deux égalités, on obtient $b = -12$.
On a donc : $f(x) = 11x - 12$.

Déterminer une fonction affine à l'aide d'un énoncé

Exemple 1

Les tarifs d'un plombier sont les suivants : 25 € de l'heure de travail et 12 € pour le déplacement.

- Le prix payé par un client est une fonction affine du nombre d'heures de travail. Si l'on désigne par $f(x)$ le prix payé par le client en fonction du nombre x d'heures, on a : $f(x) = 25x + 12$.
- Si le plombier travaille 2 heures chez M. Fuitdo, celui-ci lui doit :

$f(2) = 25 \times 2 + 12 = 62$ (qui est l'image de 2 par la fonction f), soit 62 €.

Exemple 2

Un aquarium contient 120 L d'eau. Cette eau s'évapore à raison de 6 cL par heure.

1. Quelle quantité d'eau reste-t-il dans l'aquarium au bout de quatre jours ?

- La quantité d'eau qui reste est une fonction affine de la durée d'évaporation. Si l'on désigne par $g(t)$ la quantité d'eau dans l'aquarium au bout du temps t (t en heures), on a : $g(t) = 120 - 0{,}06t$.
- 4 jours = 4 × 24 heures = 96 heures. $g(96) = 120 - 0{,}06 \times 96 = 114{,}24$ (qui est l'image de 96 par la fonction g) Au bout de quatre jours, il reste environ 114 litres dans l'aquarium.

2. Au bout de combien d'heures restera-t-il 105 L d'eau dans l'aquarium ?
Soit t ce nombre d'heures.
On a $g(t) = 120 - 0{,}06t = 105$ donc $0{,}06t = 120 - 105 = 15 \cdot t = \dfrac{15}{0{,}06} = 250$ h $= (10 \times 24 + 10)$ h = 10 j 10 h (8 l'antécédent de 105 par la fonction g).

- Au bout de 10 jours et 10 heures, il reste 105 litres dans l'aquarium.

Exercice de Brevet

Extrait du sujet Amérique du Sud, septembre 2010

Les parents de Charlotte souhaitent l'inscrire dans le club d'équitation le plus proche de chez eux. Le club leur propose trois formules différentes :
- formule A : 18 € la séance ;
- formule B : 165 € par carte de 10 séances ;
- formule C : paiement d'une cotisation annuelle de 70 € + 140 € par carte de 10 séances.

Charlotte désirant faire du cheval toute l'année, ses parents décident de comparer les formules B et C.

1. Reproduire et compléter le tableau suivant sur votre copie. Aucune justification n'est demandée.

	1 carte	2 cartes	5 cartes
Formule B			
Formule C			

2. Soit x le nombre de cartes de 10 séances achetées.
a) Exprimer en fonction de x le coût pour la famille si elle choisit la formule B.
b) Exprimer en fonction de x le coût pour la famille si elle choisit la formule C.
c) Résoudre l'inéquation suivante : $140x + 70 \leq 165x$.
d) À partir de combien de cartes achetées, la formule C devient-elle avantageuse ?

Correction

1.

	1 carte	2 cartes	5 cartes
Formule B	165 €	330 €	825 €
Formule C	210 €	350 €	770 €

2. a) Avec la formule B, on multiplie par 165 le nombre x de cartes, donc le coût est $165x$.
b) Avec la formule C, on additionne le prix des x cartes à 140 € et la cotisation de 70 €. Donc le coût est $140x + 70$.
c) L'inéquation $140x + 70 \leq 165x$ devient $70 \leq 165x - 140x$, puis $25x \geq 70$. Donc on obtient $x \geq \dfrac{70}{25} = 2{,}8$.
d) D'après la question précédente, le coût avec la formule C est inférieur à celui avec la formule B lorsque le nombre de cartes x est supérieur à 2,8. Donc la formule C devient plus avantageuse à partir de 3 cartes achetées.

Moyenne et médiane d'une série statistique

L'essentiel du cours

LE COURS À ÉCOUTER

Calculer une moyenne pondérée

Calcul de la moyenne d'un élève

Voici les notes d'un élève :

Discipline	Note	Coefficient
Français	11/20	4
Maths	06/20	3
Anglais	06/20	2
EPS	10/20	1

Pour calculer sa moyenne pondérée M :
– on fait le produit de chaque note par son coefficient ;
– puis la somme de ces produits ;
– et on divise cette somme par la somme des coefficients :

$$M = \frac{44 + 18 + 12 + 10}{10} = \frac{84}{10} = 8{,}4.$$

Autre calcul de moyenne

Voici les notes obtenues par une classe de 25 élèves en mathématiques.

Les notes sont regroupées en « intervalles » ou « classes ».

Notes	[2 ; 8[	[8 ; 14[	[14 ; 20[
Effectif	12	8	5

Pour calculer la moyenne générale, on prend la note moyenne de chaque classe (le centre) et on l'affecte du nombre d'élèves correspondant :

$$M = \frac{5 \times 12 + 11 \times 8 + 17 \times 5}{25} = \frac{233}{25} = 9{,}32.$$

Calculer une médiane

Définition

La médiane est la valeur qui partage une série statistique en deux parties de même effectif.

Distance (km)	1	2	3	4
Effectif	6	6	3	3
Effectif cumulé	6	12	15	18

Résolution numérique

Ce tableau correspond à la série :

$\underbrace{1\,1\,1\,1\,1\,1\,2\,2\,2}_{\text{9 valeurs}}$ $\underbrace{2\,2\,2\,3\,3\,3\,4\,4\,4}_{\text{9 valeurs}}$

La valeur 2 km en est la médiane : elle partage l'effectif total des salariés en deux groupes égaux.

Résolution graphique

La médiane peut aussi être déterminée au moyen du diagramme des effectifs cumulés. On cherche la valeur correspondant à la moitié de l'effectif total (ici : $\frac{18}{2} = 9$).

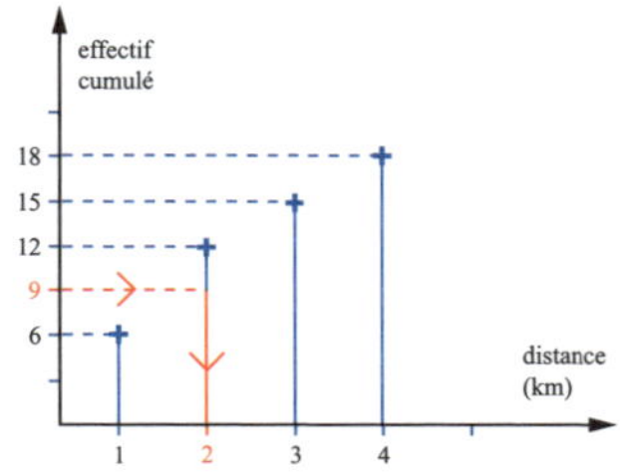

Applications

Exemple 1

Le tableau ci-dessous présente les notes obtenues à un contrôle par les élèves d'une classe :

Note	6	7	8,5	10	11	12	14	17
Effectif	3	5	2	3	1	3	2	1

On calcule l'effectif total : 3 + 5 + 2 + 3 + 1 + 3 + 2 + 1, soit 20 élèves.
Le calcul de la moyenne s'effectue de la manière suivante :

$$M = \frac{6\times3+7\times5+8{,}5\times2+10\times3+11\times1+12\times3+14\times2+17\times1}{20} = \frac{192}{20} = 9{,}6.$$

Exemple 2

En janvier, un élève a obtenu les quatre notes suivantes en mathématiques : 8, 11, 12 et 14.

Sa moyenne pour le mois est égale à $M = \frac{8+11+12+14}{4} = \frac{45}{4} = 11{,}25.$

Exemple 3

Voici la série ordonnée des notes (sur 20) obtenues par des élèves à un contrôle :

2 ; 3 ; 5 ; 6 ; 6 ; 8 ; 9 ; 9,5 ; 10 ; 10 ; 10 ; 11 ; 11 ; 12 ; 14 ; 14 ; 15,5 ; 16 ; 17 ; 17,5 ; 19.

En comptant les notes, on trouve un effectif total de 21.

On va partager la série en deux groupes de 10.

La note restante sera alors la note médiane de la série : il s'agit ici de la onzième note de la série, qui est égale à 10.

$\underbrace{2 ; 3 ; 5 ; 6 ; 6 ; 8 ; 9 ; 9{,}5 ; 10 ; 10 ;}_{\text{10 valeurs}}$ 10 ; $\underbrace{11 ; 11 ; 12 ; 14 ; 14 ; 15{,}5 ; 16 ; 17 ; 17{,}5 ; 19}_{\text{10 valeurs}}$

1er et 3e quartile, étendue d'une série statistique

L'essentiel du cours

Comparer des séries statistiques

L'étendue d'une série statistique est la différence entre la valeur maximale et la valeur minimale de cette série.

Exemple

Considérons la série : 2 ; 6 ; 4 ; 12 ; 25 ; 13 ; 2. Son étendue est 25 – 2 =23.

Quartiles d'une série statistique

Étant donné une série statistique ordonnée, on peut définir des quartiles.

- Le premier quartile d'une série statistique, noté Q_1, est la valeur minimale pour laquelle 25 % (un quart) des valeurs sont inférieures ou égales à Q_1.
- Le troisième quartile d'une série statistique, noté Q_3, est la valeur minimale pour laquelle 75 % (trois quarts) des valeurs sont inférieures ou égales à Q_3.

Remarque

Ces trois valeurs permettent d'observer la dispersion d'une série par rapport à la valeur centrale : la médiane pour les premiers et troisièmes quartiles, la moyenne pour l'étendue.

Exemple

Voici la série ordonnée des notes (sur 20) obtenues par des élèves à un contrôle :
2 ; 3 ; 5 ; 6 ; 6 ; 8 ; 9 ; 9,5 ; 10 ; 10 ; 10 ; 11 ; 11 ; 12 ; 14 ; 14 ; 15,5 ; 16 ; 17 ; 17,5 ; 19.

En comptant les notes, on trouve un effectif total de 21. $\frac{1}{4} \times 21 = 5{,}25$

donc le 1er quartile est la 6e des valeurs classées dans l'ordre croissant : $Q_1 = 8$.

$\frac{3}{4} \times 21 = 15{,}75$

donc le 3e quartile est la 16e des valeurs classées dans l'ordre croissant : $Q_3 = 14$.

La valeur $Q_3 - Q_1 = 14 - 8 = 6$ est appelée écart interquartile.

Applications

Calculer une étendue

Exemple 1

Voici les notes du premier trimestre d'un élève de 3e : 9 ; 9 ; 12 ; 14 ; 8 ; 5 ; 14.
Quelle est l'étendue de cette série statistique ?
La note la plus élevée est 14, la plus basse est 5.
L'étendue est donc égale à 14 – 5 = 9.

Exemple 2

On a relevé le prix à la pompe d'un litre d'essence au cours du mois de juillet : 1,25 ; 1,28 ; 1,29 ; 1,26 ; 1,24 ; 1,26 ; 1,28.
Quelle est l'étendue de cette série statistique ?
Le prix maximum est égal à 1,29, le prix minimum est égal à 1,24.
L'étendue est donc égale à 1,29 – 1,24 = 0,05.
Pendant cette période, le prix de l'essence a varié dans une fourchette de 0,05 €.

Calculer des quartiles

Exemple 1

Le tableau ci-dessous présente les notes obtenues à un contrôle par les élèves d'une classe :

Note	6	7	8,5	10	11	12	14	17
Effectif	3	5	2	3	1	3	2	1

Quel est le premier et le troisième quartile de cette série statistique ?
On calcule l'effectif total : 3 + 5 + 2 + 3 + 1 + 3 + 2 + 1, soit 20 élèves.
$\frac{1}{4} \times 20 = 5$, donc le premier quartile est la cinquième des valeurs classées dans l'ordre croissant : $Q_1 = 7$. $\frac{3}{4} \times 20 = 15$, donc le troisième quartile est la quinzième des valeurs classées dans l'ordre croissant : $Q_3 = 12$.

Exemple 2

Un professeur de SVT demande aux 29 élèves d'une classe de 6e de faire germer des graines de blé chez eux.
Le professeur donne un protocole expérimental à suivre :
- mettre en culture sur du coton dans une boîte placée dans une pièce éclairée, de température entre 20 °C et 25 °C ;
- arroser une fois par jour ;
- couvrir les graines avec un film transparent pour éviter l'évaporation de l'eau.

Le tableau ci-dessous donne les tailles des plantules (petites plantes) des 29 élèves à 10 jours après la mise en germination.

Taille en cm	0	8	12	14	16	17	18	19	20	21	22
Effectif	1	2	2	4	2	2	3	3	4	4	2

Quelle est l'étendue de cette série statistique ?
La taille maximum est égale à 22 cm, la taille minimum est égal à 0 cm.
L'étendue est donc égale à 22 – 0 = 22.
Quel est le premier et le troisième quartile de cette série statistique ?

$\frac{1}{4} \times 29 = 7{,}25$

donc le 1er quartile est la 8e des valeurs classées dans l'ordre croissant : $Q_1 = 14$.

$\frac{3}{4} \times 29 = 21{,}75$

donc le 3e quartile est la 22e des valeurs classées dans l'ordre croissant : $Q_3 = 20$.

Calculs de probabilités

L'essentiel du cours

LE COURS À ÉCOUTER

Comprendre le vocabulaire des probabilités

Qu'est-ce qu'une expérience aléatoire ? Une issue ?

Une expérience aléatoire est une expérimentation ou un phénomène conduisant à plusieurs résultats, et pour lequel on ne peut pas savoir *a priori* le résultat qui se produira.
Ces différents résultats sont appelés issues (ou épreuves, possibilités).

Qu'est-ce qu'un événement ?

On appelle événement une partie de l'ensemble des issues d'une expérience aléatoire.
L'événement est dit élémentaire s'il ne correspond qu'à une seule et unique issue.
Deux événements sont dits incompatibles s'ils ne peuvent pas se produire en même temps.
L'événement contraire d'un événement est celui qui se réalise lorsque l'événement n'a pas lieu.

Qu'est-ce qu'une probabilité ?

Définition

- On peut renouveler plusieurs fois la même expérience aléatoire. La fréquence de réalisation d'un événement est égale au rapport du nombre de fois où l'événement se produit sur le nombre de fois où l'expérience est réalisée. Sur un petit nombre d'expériences, cette fréquence peut beaucoup varier.
- En revanche, si on renouvelle l'expérience un très grand nombre de fois, on voit cette fréquence qui variait beaucoup se stabiliser autour d'une valeur.
Cette valeur est la probabilité de l'événement étudié.
- Le calcul des probabilités se propose de déterminer cette fréquence théorique, sans répéter plusieurs fois l'expérience. La détermination des probabilités est parfois assez intuitive.

Exemple

On considère la roue suivante :

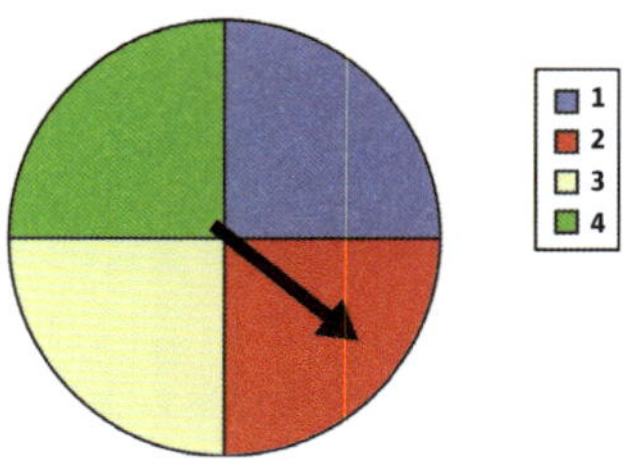

Quelle est la probabilité de « tomber » sur la couleur rouge ?

On peut répondre que l'on a une chance sur quatre, c'est-à-dire : $\frac{1}{4} = 0{,}25 = 25\ \%$.

Cela suppose quand même que la roue soit bien équilibrée et que chaque secteur soit bien identique. Lorsque les événements élémentaires d'une même expérience aléatoire ont comme ici des probabilités égales, on dit qu'il y a équiprobabilité.

Calculer une probabilité

Formule de Laplace

Dans une situation d'équiprobabilité, la probabilité d'un événement A est noté P(A) et correspond au rapport : $P(A) = \frac{\text{nombre d'issues favorables}}{\text{nombre d'issues possibles}}$.

Cas particuliers

Considérons un événement A.
Lorsque P(A) = 0, alors l'événement est dit impossible.
Lorsque P(A) = 1, alors l'événement est dit certain.

Propriétés

Si A est un événement d'une expérience aléatoire, on a $0 \leq P(A) \leq 1$.
La somme de tous les événements élémentaires constitués à partir des issues d'une expérience aléatoire est égale à 1.

Événement contraire

Soit A un événement. On note $\overline{A}$ (lire A « barre ») l'événement contraire de A.
On a : $P(A) + P(\overline{A}) = 1$.

Application

Construire un arbre de probabilités

On peut visualiser toutes les issues possibles d'une expérience aléatoire à l'aide d'un arbre, appelé arbre des possibles.

Exemple

Dans une roue équilibrée, la partie verte occupe la moitié du disque et les parties bleue, rouge et beige occupent chacune $\frac{1}{6}$.

Les issues possibles sont V : verte ; Bl : bleue ; Be : beige et R : rouge.
On peut indiquer sur chaque branche de l'arbre les probabilités des événements, l'arbre est alors un arbre pondéré.

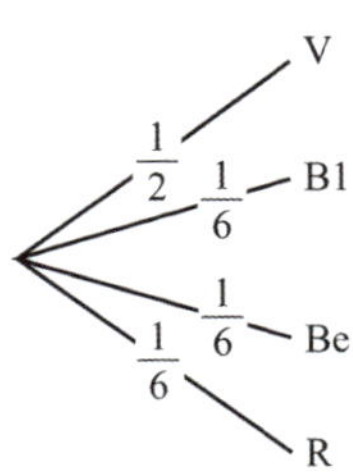

Calculs avec des fractions

L'essentiel du cours

Additionner ou soustraire des fractions

- Pour additionner ou soustraire des nombres en écriture fractionnaire qui ont le même dénominateur, on additionne les numérateurs et on garde le même dénominateur. *a*, *b* et *c* étant trois nombres, et *c* étant différent de 0, on a :

$\frac{a}{c}+\frac{b}{c}=\frac{a+b}{c}$ ou $\frac{a}{c}-\frac{b}{c}=\frac{a-b}{c}$.

- Pour additionner des nombres en écriture fractionnaire qui ont des dénominateurs différents, on commence par les réduire au même dénominateur.

Exemples

- $\frac{-1}{6}+\frac{3}{8}=\frac{(-1)\times 4}{24}+\frac{3\times 3}{24}=\frac{-4}{24}+\frac{9}{24}=\frac{-4+9}{24}=\frac{5}{24}$.
- $\frac{3}{4}-\frac{5}{8}=\frac{3\times 2}{4\times 2}-\frac{5}{8}=\frac{6}{8}-\frac{5}{8}=\frac{1}{8}$.

Multiplier des fractions

Pour multiplier deux nombres en écriture fractionnaire, on multiplie les numérateurs entre eux et les dénominateurs entre eux.
a, *b*, *c* et *d* étant quatre nombres et *b* et *d* étant différents de 0, on a :
$\frac{a}{b}\times\frac{c}{d}=\frac{a\times c}{b\times d}$.

Exemple

$\frac{2}{3}\times\frac{4}{5}=\frac{2\times 4}{3\times 5}=\frac{8}{15}$.

Diviser des fractions

Soit quatre nombres *a*, *b*, *c*, *d*, avec *b*, *c* et *d* non nuls.

On a : $\frac{\frac{a}{b}}{\frac{c}{d}}=\frac{a}{b}\div\frac{c}{d}=\frac{a}{b}\times\frac{d}{c}=\frac{ad}{bc}$.

Exemple

$\frac{\frac{-3}{5}}{\frac{4}{7}}=\frac{-3}{5}\div\frac{4}{7}=\frac{-3}{5}\times\frac{7}{4}=\frac{(-3)\times 7}{5\times 4}=-\frac{21}{20}$ ($\frac{7}{4}$ est l'inverse de $\frac{4}{7}$).

Méthode

Réduire au même dénominateur

- Soit deux nombres en écriture fractionnaire. Les réduire au même dénominateur revient à remplacer l'un des deux nombres (ou chacun des deux nombres) par un nombre égal, de façon à ce qu'ils aient le même dénominateur.
- Pour remplacer un nombre par un autre, on utilise la règle suivante : $\frac{a}{b}=\frac{a\times k}{b\times k}$ (b et k étant différents de 0).

Exemple

On veut réduire au même dénominateur $\frac{3}{12}$ et $\frac{7}{20}$.

Il s'agit donc de trouver un multiple de 12 qui soit également un multiple de 20, et de préférence le plus petit possible. Dans le tableau qui suit, on écrit, sur la première ligne, les premiers multiples de 12 et, sur la seconde, les premiers multiples de 20 jusqu'à ce que l'on ait le même nombre.

12	24	36	48	**60**
20	40	**60**		

60 est à la fois un multiple de 12 ($60 = \mathbf{5} \times 12$) et de 20 ($60 = 20 \times \mathbf{3}$). On peut écrire :
$\frac{3}{12}=\frac{3\times 5}{12\times 5}=\frac{15}{60}$ et $\frac{7}{20}=\frac{7\times 3}{20\times 3}=\frac{21}{60}$.

Simplifier une fraction

Règles

Simplifier une fraction revient à diviser le numérateur et le dénominateur par un même entier strictement positif (cet entier est donc un diviseur commun au numérateur et au dénominateur).
La fraction obtenue est irréductible si elle ne peut plus être simplifiée.

Exemple

On veut écrire plus simplement $\frac{150}{400}$.

- On remarque que 150 et 400 sont des multiples de 10. On peut donc écrire : $\frac{150}{400}=\frac{150\div 10}{400\div 10}=\frac{15}{40}$.
On dit qu'on a simplifié la fraction $\frac{150}{400}$ par 10.
- On voit maintenant que 15 et 40 sont des multiples de 5. On a donc : $\frac{15}{40}=\frac{15\div 5}{40\div 5}=\frac{3}{8}$.
On dit qu'on a simplifié la fraction $\frac{15}{40}$ par 5.
- Finalement, on peut écrire : $\frac{150}{400}=\frac{3}{8}$. Cette écriture ne peut plus être simplifiée et on dit que la fraction est irréductible.

Calculs avec des puissances

L'essentiel du cours

LE COURS À ÉCOUTER

Puissance de 10

Pour n un entier naturel non nul :
10^n s'écrit : 1 suivi de n chiffres 0.
10^{-n} s'écrit : 0,1 avec n chiffres 0 au total (dont $n - 1$ zéros après la virgule).
$10^0 = 1$.

Exemples

$10^4 = 10 \times 10 \times 10 \times 10 = 10\,000$ (quatre zéros) ; $10^{-3} = \frac{1}{10^3} = 0{,}001$ (trois zéros).

Propriétés des puissances de 10

Soit n et p des nombres entiers relatifs.
On définit ainsi :
– le produit de deux puissances du même nombre : $10^n \times 10^p = 10^{n+p}$;
– le quotient de deux puissances du même nombre : $\frac{10^n}{10^p} = 10^{n-p}$;
– une puissance de puissance : $(10^n)^p = 10^{np}$.

Écriture scientifique

Un nombre décimal peut s'écrire de différentes façons à l'aide d'une puissance de 10 d'exposant entier. Parmi toutes ces écritures de type $a \times 10^p$, l'écriture scientifique est celle où a est un nombre décimal composé d'un seul chiffre (différent de 0) avant la virgule.

Exemple

$870\,000 = 87 \times 10^4 = 8{,}7 \times 10^5 = 0{,}87 \times 10^6$.
Parmi ces différentes écritures de 870 000, l'écriture scientifique est $8{,}7 \times 10^5$.

Puissance d'un nombre

Soit a un nombre non nul et n un entier naturel non nul.
Si $n \geq 2$, alors a^n est le produit de n facteurs tous égaux à a : $a^n = \underbrace{a \times \ldots \times a}_{a \text{ est écrit } n \text{ fois}}$.
Si $n = 1$, alors $a^1 = a$.
De plus, $a^{-n} = \frac{1}{a^n}$ pour tout entier naturel n non nul.
Enfin, par convention, on pose $a^0 = 1$ ($a \neq 0$ donc « 0^0 » n'est pas défini).

Remarques

a^n et a^{-n} s'appellent des puissances de a.
n (ou $-n$) s'appelle l'exposant.
Pour a^n, on lit « a à la puissance n » ou « a exposant n ».

Exemples

$3^5 = \underbrace{3 \times 3 \times 3 \times 3 \times 3}_{\text{3 est écrit 5 fois}} = 243.$

$(-2)^7 = \underbrace{(-2) \times (-2) \times (-2) \times (-2) \times (-2) \times (-2) \times (-2)}_{\text{(−2) est écrit 7 fois}} = 128.$

Propriétés des puissances

a et b désignent des nombres relatifs ($a \neq 0$), n et p des nombres entiers relatifs.
On définit ainsi :
— le produit de deux puissances de même exposant : $a^n \times b^n = (ab)^n$;
— le produit de deux puissances du même nombre : $a^n \times a^p = a^{n+p}$;
— le quotient de deux puissances du même nombre : $\frac{a^n}{a^p} = a^{n-p}$;
— une puissance de puissance : $(a^n)^p = a^{np}$.

Exemples

Produit de deux puissances de même exposant : $A = (-7)^3 \times 5^3 = (-7 \times 5)^3 = (-35)^3$.
Produit de deux puissances du même nombre : $B = 4^3 \times 4^{-9} = 4^{3-9} = 4^{-6}$.

Règles de priorité dans les calculs de puissance

● La puissance est prioritaire par rapport à la multiplication.
$2 + 3 \times 5^2 = 2 + 3 \times 25 = 2 + 75 = 77$.
● Mais les calculs entre parenthèses doivent être effectués les premiers.
$2 + 3 \times (9 - 4)^2 = 2 + 3 \times 5^2 = 2 + 3 \times 25 = 2 + 75 = 77$.

Applications

Multiplier un nombre décimal par une puissance de 10

Par 10^n, avec $n > 0$

On déplace la virgule de n rangs vers la droite :
$3{,}845 \times 10^2 = 384{,}5$
$3{,}845 \times 10^4 = 38\,450$

Par 10^{-n}, avec $n > 0$

On déplace la virgule de n rangs vers la gauche :
$384{,}5 \times 10^{-2} = 3{,}845$
$384{,}5 \times 10^{-4} = 0{,}038\,45$

Application

Un nombre décimal peut s'écrire sous différentes formes qui font intervenir une puissance de 10.
$415\,000 = 41\,500 \times 10 = 4\,150 \times 10^2 = 415 \times 10^3$
$0{,}00415 = 0{,}0415 \times 10^{-1} = 0{,}415 \times 10^{-2} = 4{,}15 \times 10^{-3}$

PGCD de deux nombres

L'essentiel du cours

LE COURS À ÉCOUTER

Rappel

Soit a et b deux nombres entiers.
On dit que b est un diviseur de a s'il existe un nombre entier q tel que $a = b \times q$.
On dit aussi que a est un multiple de b, ou que a est divisible par b.

Définition

Le plus grand diviseur commun à deux nombres entiers est appelé en abrégé le PGCD de ces deux entiers.

Propriété

Si a et b sont deux entiers naturels non nuls tels que $a > b$ et si r désigne le reste de la division euclidienne de a par b, alors : PGCD(a, b) = PGCD(b, r).
Cette propriété permet de construire un algorithme, appelé algorithme d'Euclide, pour calculer PGCD(a, b).

Algorithme d'Euclide

Pour calculer le PGCD (plus grand diviseur commun) de a et b, on suit les étapes suivantes :
1. On effectue la division euclidienne de a par b.
2. On divise le diviseur de la division précédente par son reste.
3. On recommence cette procédure jusqu'à obtenir un reste nul.

Le PGCD de a et b est le dernier reste non nul.

Méthode

Exemple 1

On cherche le plus grand diviseur commun à 72 et 54.
Pour cela, on énumère les diviseurs de chacun de ces nombres, puis on extrait les nombres qui figurent dans les deux listes à la fois et on prend le plus grand.
Les diviseurs de 72 sont : 1, 2, 3, 4, 6, 8, 9, 12, 18, 24, 36 et 72.
Les diviseurs de 54 sont : 1, 2, 3, 6, 9, 18 et 27.
Les diviseurs communs à 72 et 54 sont donc : 1, 2, 3, 6, 9, et 18.
Le plus grand de ces diviseurs est 18. On a PGCD(72, 54) = 18.

Exemple 2

Quel est le PGCD de 720 et de 192 ?

$$\begin{array}{r|l} 720 & 192 \\ \hline 144 & 3 \end{array} \qquad \begin{array}{r|l} 192 & 144 \\ \hline 48 & 1 \end{array} \qquad \begin{array}{r|l} 144 & 48 \\ \hline 0 & 3 \end{array}$$

$720 = 3 \times 192 + 144$

$192 = 1 \times 144 + 48$

$144 = 3 \times 48 + 0$

Le dernier reste non nul est 48 donc le PGCD de 720 et 192 est **48**.

Exemple 3

Calcul du PGCD de 128 et 58.

a	b	r	Division euclidienne : $a = b \times q + r$
128	58	12	$128 = 58 \times 2 + 12$
58	12	10	$58 = 12 \times 4 + 10$
12	10	**2**	$12 = 10 \times 1 + 2$
10	2	0	$10 = 2 \times 5 + 0$

Le PGCD de 128 et 58 est égal à **2**.

Notions à connaître

Multiple

Définition

Le produit d'un nombre a par un nombre entier est un multiple de a.

Exemples

$4 \times 0 = 0$
$4 \times 1 = 4$
$4 \times 2 = 8$
$4 \times 3 = 12$, etc.
0, 4, 8, 12, etc. sont des multiples de 4.
On peut dire également que 4 est un diviseur de 0, 4, 8, 12, etc.

Diviseur

Le mot *diviseur* désigne un nombre b (non nul) tel que le reste de la division euclidienne de a par b soit égal à 0. Dans ce cas, on dit que a est divisible par b (c'est un multiple de b) et que b est un diviseur de a.
Par exemple : $378 \div 7 = 54$.
Le reste de la division euclidienne de 378 par 7 est égal à 0, donc 7 est un diviseur de 378.

Division euclidienne

Exemple

Théodule veut ranger 85 photos dans un album en mettant 3 photos par page. Combien de pages va-t-il utiliser ?
Pour répondre à cette question, on effectue la division de 85 par 3.
On cherche un quotient entier, puisque Théodule place des photos entières sur chacune des pages.
On dit que l'on effectue une division euclidienne.
On peut écrire : $85 = 28 \times 3 + 1$.
Théodule remplit donc 28 pages complètement, mais il lui reste 1 photo.
Il va donc utiliser 29 pages.

Définition

Soit a un nombre entier et b un nombre entier non nul.
La division euclidienne de a par b est l'opération qui associe à a et à b deux nombres entiers q et r définis par :
$a = b \times q + r$ avec $r < b$.

Nombres premiers entre eux et fractions irréductibles

L'essentiel du cours

Nombres premiers entre eux

Définition

- Deux nombres entiers dont le PGCD est égal à 1 sont premiers entre eux. Ils n'ont alors qu'un seul diviseur commun : 1.
- Lorsque le dénominateur et le numérateur d'une fraction sont premiers entre eux, la fraction est irréductible. On ne peut plus la simplifier.

Problème

Les nombres 15 et 22 sont-ils premiers entre eux ?

- Recherche des diviseurs communs :

– les diviseurs de 15 sont 1, 3, 5 et 15 ;
– les diviseurs de 22 sont 1, 2, 11 et 22.

Leur seul diviseur en commun est 1, donc ils sont premiers entre eux.

- Autre méthode (l'algorithme d'Euclide) :

On effectue la division euclidienne de 22 par 15 : $22 = 15 \times 1 + 7$.
Puis, on effectue la division euclidienne du diviseur par le reste : $15 = 7 \times 2 + 1$.
À nouveau, on effectue la division euclidienne du diviseur par le reste : $7 = 1 \times 7 + 0$.
Le dernier reste non nul est 1 donc le PGCD de 15 et de 22 est 1. Ces nombres sont premiers entre eux.

Fractions irréductibles

Règle

Pour rendre irréductible une fraction, on divise le numérateur et le dénominateur de la fraction par le PGCD des deux nombres.

Remarque

Si les nombres sont premiers entre eux, la fraction est déjà irréductible.

Exemples

- Comment rendre irréductible la fraction $\frac{68}{51}$?

On calcule le PGCD de 68 et de 51 :

$$\begin{array}{r|l} 68 & 51 \\ \hline 17 & 1 \end{array} \qquad \begin{array}{r|l} 51 & 17 \\ \hline 0 & 3 \end{array}$$

$68 = 51 \times 1 + 17$ $\qquad$ $51 = 17 \times 3 + 0$

Le PGCD de 68 et de 51 est égal à 17. On a $68 \div 17 = 4$ et $51 \div 17 = 3$.

Donc $\frac{68}{51} = \frac{4}{3}$ qui est une fraction irréductible.

- La fraction $\frac{67}{15}$ est-elle irréductible ?

Pour répondre, on calcule le PGCD de 67 et de 15 :

$$\begin{array}{r|l} 67 & 15 \\ \hline 7 & 4 \end{array} \qquad \begin{array}{r|l} 15 & 7 \\ \hline 1 & 2 \end{array} \qquad \begin{array}{r|l} 7 & 1 \\ \hline 0 & 7 \end{array}$$

$67 = 15 \times 4 + 7$ $\quad 15 = 7 \times 2 + 1$ $\quad 7 = 1 \times 7 + 0$

Le PGCD de 67 et de 15 est égal à 1, les nombres 67 et 15 sont premiers entre eux et la fraction $\frac{67}{15}$ est irréductible.

Applications

Exemple 1

- Calculer le PGCD de 216 et de 126.

En utilisant l'algorithme d'Euclide, on a : $216 = 1 \times 126 + 90$; $126 = 1 \times 90 + 36$; $90 = 2 \times 36 + 18$; $36 = 2 \times 18 + 0$. On a donc PGCD(216 ; 126) = 18.

- La fraction $\frac{216}{126}$ est-elle irréductible ? Si ce n'est pas le cas, la rendre irréductible en détaillant les calculs.

PGCD(216 ; 126) = 18, donc les nombres 216 et 126 ne sont pas premiers entre eux et la fraction $\frac{216}{126}$ n'est pas irréductible.

$\frac{216}{126} = \frac{216 \div 18}{126 \div 18} = \frac{12}{7}$ qui est une fraction irréductible.

Exemple 2

Les nombres 1 394 et 255 sont-ils premiers entre eux ?

En utilisant l'algorithme d'Euclide, on a : $1\,394 = 5 \times 255 + 119$; $255 = 1 \times 119 + 17$; $119 = 7 \times 17 + 0$.

PGCD(1 394 ; 255) = 17 donc les nombres 1 394 et 255 ne sont pas premiers entre eux.

Exemple 3

Les nombres 1 432 et 587 sont-ils premiers entre eux ?

En utilisant l'algorithme d'Euclide, on a :

$1\,432 = 2 \times 587 + 258$

$587 = 2 \times 258 + 71$

$258 = 3 \times 71 + 45$

$71 = 1 \times 45 + 26$

$45 = 1 \times 26 + 15$

$26 = 1 \times 15 + 11$

$15 = 1 \times 11 + 4$

$11 = 2 \times 4 + 3$

$4 = 1 \times 3 + 1$

$3 = 3 \times 1 + 0$

PGCD(1 432 ; 587) = 1 donc les nombres 1 432 et 587 sont premiers entre eux.

Racine carrée d'un nombre positif

LE COURS À ÉCOUTER

L'essentiel du cours

Utiliser l'écriture « racine carrée de a »

Définition

- Soit a, un nombre positif. $\sqrt{a}$ est le nombre positif qui, élevé au carré, donne a : $(\sqrt{a})^2 = a$.

Ainsi $(\sqrt{3})^2 = 3$. On a aussi : $\sqrt{3^2} = 3$, donc $\sqrt{9} = 3$.

- Remarques :

– on ne peut calculer la racine carrée que d'un nombre positif ;
– une racine carrée est toujours égale à un nombre positif : $\sqrt{(-3)^2} = 3$;
– le signe $\sqrt{\ }$ est appelé radical.

Utilisation de la touche $\sqrt{\ }$ de la calculatrice

- On veut calculer $\sqrt{0{,}16}$.

La calculatrice affiche 0,4. Donc : $\sqrt{0{,}16} = 0{,}4$.

- On veut calculer $\sqrt{7}$.

La calculatrice affiche 2,6457513 qui est une valeur approchée de $\sqrt{7}$.

Utiliser les règles de calcul sur les racines carrées

Multiplication

- Règle : $\sqrt{a} \times \sqrt{b} = \sqrt{a \times b}$ pour tous nombres a et b positifs.
- Exemples :

$\sqrt{12} \times \sqrt{27} = \sqrt{12 \times 27} = \sqrt{324} = 18$; $\sqrt{8} \times \sqrt{18} = \sqrt{8 \times 18} = \sqrt{144} = 12$.

Division

- Règle : $\dfrac{\sqrt{a}}{\sqrt{b}} = \sqrt{\dfrac{a}{b}}$ pour tous nombres a et b positifs, b non nul.
- Exemples : $\dfrac{\sqrt{18}}{\sqrt{8}} = \sqrt{\dfrac{18}{8}} = \sqrt{\dfrac{9}{4}} = \dfrac{\sqrt{9}}{\sqrt{4}} = \dfrac{3}{2}$; $\dfrac{\sqrt{48}}{\sqrt{12}} = \sqrt{\dfrac{48}{12}} = \sqrt{4} = 2$.
- Remarque : la racine d'une somme n'est pas égale à la somme des racines.

$\sqrt{16+9} = \sqrt{25} = 5 \neq 7 = 4 + 3 = \sqrt{16} + \sqrt{9}$.

Équation $x^2 = a$ avec a positif

Règles

- Cas où $a = 0$. L'équation s'écrit $x^2 = 0$. L'équation a une solution : 0.
- Cas où $a > 0$. L'équation a deux solutions : $\sqrt{a}$ et $-\sqrt{a}$.

Exemples

L'équation $x^2 = 256$ a deux solutions $\sqrt{256}$ et $-\sqrt{256}$, c'est-à-dire 16 et −16.

L'équation $x^2 = 19$ a deux solutions $\sqrt{19}$ et $-\sqrt{19}$.

Applications

Simplifier l'écriture d'une racine carrée

Méthode

Pour simplifier l'écriture d'une racine, on écrit le nombre sous le radical comme un produit de facteurs, en faisant apparaître un ou plusieurs carrés parfaits.

Exemples

$\sqrt{12} = \sqrt{4 \times 3} = \sqrt{4} \times \sqrt{3} = 2\sqrt{3}$.

$\sqrt{50} = \sqrt{25 \times 2} = 5\sqrt{2}$.

Calcul de $\sqrt{180}$: on cherche si 180 est divisible par des carrés parfaits 4 ; 9 ; etc.

$180 = 4 \times 9 \times 5$; $\sqrt{180} = \sqrt{4 \times 9 \times 5} = 2 \times 3\sqrt{5} = 6\sqrt{55}$.

Réduire une somme algébrique avec des radicaux

Exemple 1

On simplifie l'écriture des racines de façon à faire apparaître le même nombre entier sous les radicaux :

$A = \sqrt{12} + \sqrt{27}$.

$A = \sqrt{4 \times 3} + \sqrt{9 \times 3}$.

$A = 2\sqrt{3} + 3\sqrt{3}$.

On réduit l'expression : $A = 5\sqrt{3}$.

Exemple 2

$B = \sqrt{8} + \sqrt{6} \times \sqrt{2} + \sqrt{10} \times \sqrt{5} - \sqrt{27}$.

$B = \sqrt{8} + \sqrt{12} + \sqrt{50} - \sqrt{27}$.

Pour réduire un produit, on utilise l'égalité $\sqrt{a} \times \sqrt{b} = \sqrt{a \times b}$ pour tout nombre a et b positif.

Puis on sort les carrés parfaits du radical :

$B = \sqrt{4 \times 2} + \sqrt{4 \times 3} + \sqrt{25 \times 2} - \sqrt{3 \times 3}$.

$B = 2\sqrt{2} + 2\sqrt{3} + 5\sqrt{2} - 3\sqrt{3}$.

$B = 7\sqrt{2} - \sqrt{3}$.

Fiche 15 Développement d'une expression et identités remarquables

LE COURS À ÉCOUTER

L'essentiel du cours

Développer une expression littérale

- Développer une expression, c'est transformer un produit en une **somme** ou en une **différence**, en appliquant la règle de **distributivité**.
- La multiplication est distributive sur l'**addition** et la **soustraction** ; c'est-à-dire que, pour tous nombres a, b et k, on a :
$k \times (a + b) = k \times a + k \times b$ et $k \times (a - b) = k \times a - k \times b$.
- a, b, c et d étant quatre nombres, on en déduit cette autre relation :
$(a + b)(c + d) = ac + ad + bc + bd$.
Cette dernière propriété s'appelle la **double distributivité**.

Réduire une expression littérale

Réduire une expression littérale (en l'occurrence une somme), c'est **regrouper les termes semblables** de façon à éviter leur répétition.

Par exemple, réduire une somme écrite en fonction de x^2 et de x, c'est l'écrire **sous la forme $ax^2 + bx + c$**.

Ainsi, si l'on veut réduire l'expression $A = 3 - 5x^2 + 4x + 7x^2 - 12 - 4x$:
- on regroupe les termes « en x^2 », ceux en « x » et les termes « sans x » ;
- on effectue les calculs qui peuvent l'être et on obtient : $A = 2x^2 - 9$.

Identités remarquables

Formules

Les trois formules suivantes sont à retenir :

F1 : $(a + b)^2 = a^2 + 2 \times a \times b + b^2$

F2 : $(a - b)^2 = a^2 - 2 \times a \times b + b^2$

F3 : $(a + b)(a - b) = a^2 - b^2$

Lorsque l'on doit développer, il faut dans un premier temps **identifier la formule à utiliser**, c'est-à-dire trouver la forme : $(a + b)^2$ ou $(a - b)^2$ ou $(a + b)(a - b)$.

On applique ensuite la formule en trouvant ce que l'on doit mettre à la place de a et de b.

Exemples

- Développer $(5x + 3)(5x - 3)$.

Cette expression est de la forme $(a + b)(a - b)$ avec $a = 5x$ et $b = 3$.

D'après la formule F3, on a $(a + b)(a - b) = a^2 - b^2$.

Donc $(5x + 3)(5x - 3) = (5x)^2 - 3^2$.

D'où $(5x + 3)(5x - 3) = 25x^2 - 9$.

- Développer $(5x + 3)^2$.

Cette expression est de la forme $(a + b)^2$ avec $a = 5x$ et $b = 3$.
D'après la formule F1, on a $(a + b)^2 = a^2 + 2 \times a \times b + b^2$.
Donc $(5x + 3)^2 = (5x)^2 + 2 \times (5x) \times 3 + 3^2$.
D'où $(5x + 3)^2 = 25x^2 + 30x + 9$.

- Développer $(5x - 3)^2$.

Cette expression est de la forme $(a + b)^2$ avec $a = 5x$ et $b = 3$.
D'après la formule F2, on a $(a - b)^2 = a^2 - 2 \times a \times b + b^2$.
Donc $(5x - 3)^2 = (5x)^2 - 2 \times (5x) \times 3 + 3^2$.
D'où $(5x - 3)^2 = 25x^2 - 30x + 9$.

Applications

Développer une expression littérale

- $A = (2 + a)(4a - 3)$

On distribue la multiplication par 2 puis par a.
$A = 8a - 6 + 4a^2 - 3a$
On réduit en regroupant les termes « semblables ».
$A = 4a^2 + 5a - 6$

- $B = 1 - (4 + a)(a - 2)$

On développe en écrivant le résultat entre parenthèses.
$B = 1 - (4a - 8 + a^2 - 2a) = 1 - (a^2 + 2a - 8)$
Puis on supprime les parenthèses précédées du signe « moins ».
$B = 1 - a^2 - 2a + 8 = -a^2 - 2a + 9$

Réduire une expression littérale

$C = x - x^2 + 3x - 4 + 3x^2$
On regroupe les termes dans l'ordre décroissant des exposants.
$C = -x^2 + 3x^2 + x + 3x - 4$
$C = 2x^2 + 4x - 4$

Calculer une expression littérale en donnant une valeur à la variable

$D = -3x^2 + 5x + (x - 3)^2$
Pour calculer la valeur de D pour $x = -2$, il faut remplacer x par -2 sans oublier les parenthèses et les signes « × » sous-entendus.
$D = -3 \times (-2)^2 + 5 \times (-2) + (-2 - 3)^2$
$D = -3 \times 4 - 10 + (-5)^2$
$D = -12 - 10 + 25$
$D = 3$

Factorisation d'une expression

LE COURS À ÉCOUTER

L'essentiel du cours

Définition

Factoriser une expression, c'est la transformer en la faisant passer d'une somme à un produit.

Formule

$k \times A + k \times B = k \times (A + B)$

- Pour réussir à factoriser, il faut donc identifier le facteur commun k, puis A et B.
- Ensuite, il faut remplacer les valeurs trouvées dans la formule.

Exemple

Factoriser l'expression $(x + 3)(x + 1) + (x + 3)(2x + 7)$.
Cette expression est de la forme $k \times A + k \times B$, avec :
$k = (x + 3)$
$A = (x + 1)$
$B = (2x + 7)$
Or $k \times A + k \times B = k \times (A + B)$,
donc $(x + 3)(x + 1) + (x + 3)(2x + 7) = (x + 3)\times[(x + 1) + (2x + 7)]$.
On met des crochets car il y a déjà des parenthèses.
D'où $(x + 3)(x + 1) + (x + 3)(2x + 7) = (x + 3) \times (x + 1 + 2x + 7)$.
Soit finalement $(x + 3)(x + 1) + (x + 3)(2x + 7) = (x + 3) \times (3x + 8) = (x + 3)(3x + 8)$.

Adaptation de la formule

- La formule peut être adaptée de deux façons :

– dans une multiplication, l'ordre des facteurs n'a pas d'importance. Donc : $A \times k + B \times k = k \times (A + B)$, car $k \times A = A \times k$;
– soustraire un nombre revient à ajouter son opposé. Donc $A \times k - B \times k = k \times (A - B)$.
Exemple : factoriser $7(x + 1) - x(x + 1)$.
Cette expression est de la forme $A \times k - B \times k$, avec $k = (x + 1)$, $A = 7$ et $B = x$.
On a $A \times k - B \times k = k \times (A - B)$, donc $7(x + 1) - x(x + 1) = (x + 1) \times (7 - x)$.

- Lorsqu'il y a plusieurs termes, il faut « allonger » la formule :

$k \times A + k \times B + k \times C = k \times (A + B + C)$.
Exemple : factoriser $7(x + 1) - 2(x + 1) + x(x + 1)$.
Cette expression est de la forme $A \times k - B \times k + C \times k$,
avec $k = (x + 1)$, $A = 7$, $B = 2$ et $C = x$.
On a $A \times k - B \times k + C \times k = k \times (A - B + C)$,
donc $7(x + 1) - 2(x + 1) + x(x + 1) = (x + 1) \times (7 - 2 + x)$.
Soit finalement $7(x + 1) - 2(x + 1) + x(x + 1) = (x + 1)(x + 5)$.

- Parfois, le facteur commun est caché.

Exemple : factoriser $3x^2 + x$.
Il faut essayer de le faire apparaître : $3x^2 + x = 3 \times x \times x + 1 \times x$.
Cette expression est de la forme : $A \times k + B \times k$, avec $k = x$, $A = 3 \times x = 3x$ et $B = 1$.
On a $A \times k + B \times k = k \times (A + B)$, donc $3 \times x \times x + 1 \times x = x \times (3x + 1)$.

Applications

Factoriser à l'aide des identités remarquables

Exemple 1

On veut factoriser $A = 4x^2 + 1 - 4x$.
L'expression comporte un terme en x^2, un terme en x (précédé du signe « moins ») et un terme constant.
On pense au développement de $(a - b)^2$.
On fait apparaître les carrés : $a^2 = (2x)^2$; $b^2 = 1^2$.
On vérifie que $4x$ correspond à $2ab$.
On a donc $A = 4x^2 + 1 - 4x = (2x - 1)^2$.

Exemple 2

On veut factoriser $B = (4x + 3)^2 - 1$.
L'expression est une différence de deux carrés.
On pense au développement de $(a - b)(a + b) = a^2 - b^2$ avec $a = 4x + 3$ et $b = 1$.
$B = (4x + 3 - 1)(4x + 3 + 1) = (4x + 2)(4x + 4) = 8\,(2x + 1)\,(x + 1)$.
On a factorisé l'expression B à l'aide de la troisième identité remarquable.

Factoriser une expression

Exemple 1

On veut factoriser : $A = (x - 1)(2x + 3) + x^2 - 2x + 1$.
On reconnaît dans $x^2 - 2x + 1$ le développement de $(x - 1)^2$.
$A = (x - 1)(2x + 3) + (x - 1)^2$
On met en facteur $(x - 1)$:
$A = (x - 1)(2x + 3 + x - 1)$
D'où : $A = (x - 1)(3x + 2)$.

Exemple 2

On veut factoriser : $B = x^2 - 4 + (2 - x)(2x + 3)$.
$x^2 - 4$ est la différence de deux carrés : $x^2 - 4 = (x + 2)(x - 2)$.
$B = (x + 2)(x - 2) + (2 - x)(2x + 3)$.
$(x - 2)$ semble être un facteur commun car $(2 - x)$ est son opposé.
On écrit donc : $(2 - x) = -(-2 + x)$.
$B = (x + 2)(x - 2) - (x - 2)(2x + 3)$
$B = (x - 2)(x + 2 - 2x - 3)$
D'où : $B = (x - 2)(-x - 1)$.

Équation du premier degré, équation produit

LE COURS À ÉCOUTER

L'essentiel du cours

Équation du premier degré à une inconnue

Définition

$2x + 5 = x - 1$ est une équation à une inconnue, x.
La résoudre, c'est trouver la valeur numérique que l'on peut donner à x de façon à ce que l'égalité soit vraie. Cette équation est du premier degré car l'exposant de l'inconnue x est 1.

Règles

Pour résoudre ce type d'équation, on utilise les règles suivantes :
- l'égalité est conservée quand on ajoute ou soustrait un même nombre aux deux membres d'une égalité ;
- l'égalité est conservée quand on multiplie ou divise par un même nombre non nul les deux membres d'une égalité.

Exemple

Résolvons l'équation $2x + 5 = x - 1$.
On ajoute à chaque membre de l'égalité $-x$ et -5.
Après élimination des termes opposés, on obtient : $2x - x = -5 - 1$. D'où $x = -6$.

Résoudre une équation du type $(ax + b)(cx + d) = 0$

Un produit de facteur est nul lorsque l'un des facteurs est nul.
$(ax + b)(cx + d)$ est le produit du facteur $(ax + b)$ par le facteur $(cx + d)$.
Ce produit est donc nul lorsque $ax + b = 0$ ou $cx + d = 0$.

Applications

Tester une égalité

On veut tester l'égalité $x = \frac{1}{3}x + \frac{1}{4}x + 5$ pour $x = 24$ puis pour $x = 12$. Cela consiste à remplacer la lettre x, successivement, par chacun des deux nombres.

	$\frac{1}{3}x + \frac{1}{4}x + 5$	Conclusion
Pour $x = 24$	$\frac{1}{3} \times 24 + \frac{1}{4} \times 24 + 5 = 19$	Comme $24 \neq 19$, l'égalité est fausse.
Pour $x = 12$	$\frac{1}{3} \times 12 + \frac{1}{4} \times 12 + 5 = 12$	Comme $12 = 12$, l'égalité est vraie.

$x = 12$ est l'unique solution de l'équation $x = \frac{1}{3}x + \frac{1}{4}x + 5$.

Mettre en équation

- Pour fleurir un parterre, un jardinier plante des bulbes de tulipes. Le tiers des bulbes donnera des tulipes rouges, le quart des tulipes blanches. Le jardinier plante également 5 bulbes de tulipes jaunes. Combien de bulbes a-t-il plantés ?
- Le nombre total de bulbes plantés est l'inconnue. Appelons x ce nombre. Mettre le problème en équation revient à traduire l'énoncé en fonction de x. Le jardinier a planté : $\frac{1}{3}x$ tulipes rouges, $\frac{1}{4}x$ tulipes blanches et 5 tulipes jaunes, soit $\frac{1}{3}x + \frac{1}{4}x + 5$ bulbes.

On a donc l'équation $x = \frac{1}{3}x + \frac{1}{4}x + 5$.

Il suffit ensuite de résoudre l'équation ($x = 12$) et d'interpréter le résultat (le jardinier a planté 12 bulbes).

Résoudre une équation

- (E) : $3x(2x + 6)$ est un produit de facteurs où les facteurs sont $3x$ et $(2x + 6)$.

Donc $3x(2x + 6) = 0$ lorsque $3x = 0$ ou $2x + 6 = 0$. C'est-à-dire $x = 0$ ou $x = -3$.
L'équation (E) admet deux solutions : 0 et -3.

- Attention, il faut parfois commencer par factoriser.

Ainsi, l'équation $9x^2 - 16 = 0$ peut s'écrire $(3x - 4)(3x + 4) = 0$.
$(3x - 4)(3x + 4)$ est un produit de facteurs : les facteurs sont $(3x - 4)$ et $(3x + 4)$.
Donc $9x^2 - 16 = 0$ lorsque $3x - 4 = 0$ ou $3x + 4 = 0$.

C'est-à-dire $x = \frac{4}{3}$ ou $x = -\frac{4}{3}$.

L'équation $9x^2 - 16 = 0$ admet deux solutions : $\frac{4}{3}$ et $-\frac{4}{3}$.

Se ramener à une équation du type $(ax + b)(cx + d) = 0$

Méthode

Pour obtenir une équation du type $(ax + b)(cx + d) = 0$, on doit :
- passer tous les termes non nuls à gauche du signe « égal » ;
- factoriser le membre de gauche.

Exemple

(E) : $81x^2 - (x + 2)^2 = 0$
On reconnaît dans le membre de gauche la différence de deux carrés.
On factorise donc en utilisant l'identité remarquable : $a^2 - b^2 = (a + b)(a - b)$.
(E) : $(9x + x + 2)(9x - x - 2) = 0$
On est ramené à une équation produit que l'on sait résoudre.

(E) admet deux solutions : $-\frac{1}{5}$ et $\frac{1}{4}$.

Inéquation du premier degré

L'essentiel du cours

LE COURS À ÉCOUTER

Règles

- Quand on a une inégalité, on obtient une nouvelle inégalité de même sens en ajoutant ou en retranchant un même nombre (négatif ou positif) à ses deux membres.

Si $a < 2,6$ alors :
$a + 3 < 2,6 + 3$;
$a - 3 < 2,6 - 3$.

- Quand on a une inégalité, on obtient une nouvelle inégalité de :

– même sens en multipliant ses deux membres par un même nombre positif ;
– sens inverse en multipliant ses deux membres par un même nombre négatif.

Si $a < 2,6$ alors :
$2 \times a < 2 \times 2,6$;
$-2 \times a > -2 \times 2,6$.

Application aux encadrements

Si $1,2 < a < 1,3$
alors $2 \times 1,2 < 2a < 2 \times 1,3$
mais $-2 \times 1,2 > -2a > -2 \times 1,3$.

Applications

Résoudre une inéquation du type $ax < b$

Exemple 1

Résolvons l'inéquation $5x < 15$.
Pour isoler x, on divise par 5 les deux membres de l'inégalité.
Comme 5 est un nombre positif, le sens de l'inégalité ne change pas.
$\frac{5x}{5} < \frac{15}{5}$ donc $x < 3$.
On peut représenter l'ensemble des solutions sur une droite graduée (partie non hachurée).

Exemple 2

Résolvons maintenant l'équation $-8x < -16$.
Pour isoler x, on divise par 8 les deux membres de l'inégalité.
On obtient $-x < -2$.
Pour obtenir x à partir de $-x$, il faut changer le sens de l'inégalité.
Donc $x > 2$.

On peut représenter l'ensemble des solutions sur une droite graduée (partie non hachurée).

Exemple 3

Résolvons l'inéquation : $-8x - 5 \leqslant 3$.

On transpose le nombre 5 d'un membre à l'autre de l'inégalité, en ajoutant son opposé (+ 5) aux deux membres.

$-8x \leqslant 3 + 5$ ou $-8x \leqslant 8$

Pour isoler x, on divise par 8 les deux membres de l'inégalité.

On obtient $-x \leqslant 1$.

Pour obtenir x à partir de $-x$, il faut changer le sens de l'inégalité.

Donc $x \geqslant -1$.

On peut représenter l'ensemble des solutions de l'inéquation sur une droite (partie non hachurée).

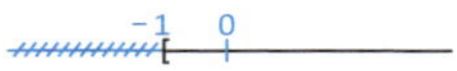

Remarque : quand l'inéquation est du type $ax + b < cx + d$, on regroupe les termes en x d'un côté et les termes sans x de l'autre.

Mettre un problème en inéquation

Énoncé

Un camion pesant, à vide, deux tonnes doit passer sur un pont limité à 6 tonnes. Combien de caisses de 118 kg peut-il transporter ?

Choix de l'inconnue

Soit x le nombre de caisses, on a :
- chargement du camion : $118x$;
- poids total du camion : $118x + 2\,000$ (2 t = 2 000 kg).

Mise en inéquation

On sait que le poids du camion ne doit pas dépasser 6 tonnes.

On peut traduire cette donnée par l'inéquation : $118x + 2\,000 \leqslant 6\,000$.

Résolution de l'inéquation et réponse à la question

$118x \leqslant 4\,000$ et $x \leqslant \dfrac{4000}{118} \approx 33{,}89$.

Le nombre de caisses doit être inférieur ou égal à 33.

Notion à connaître

Une droite graduée est une droite sur laquelle on a choisi :
- un point auquel on associe le nombre 0 ; ce point est l'origine de la graduation ;
- un segment unité que l'on reporte à partir du point origine pour graduer la droite ;
- un sens positif.

Sur une droite graduée, l'abscisse d'un point est le nombre qui permet de repérer la position de ce point sur la droite.

Fiche 19 — Système de deux équations à deux inconnues

LE COURS À ÉCOUTER

L'essentiel du cours

Pour résoudre un système de deux équations à deux inconnues, on peut employer la méthode par combinaison ou la méthode par substitution.

La méthode par substitution

On veut résoudre le système (S) : $\begin{cases} 5x + y = 3 & (1) \\ 3x + 2y = -1 & (2) \end{cases}$

On exprime y en fonction de x, à l'aide de l'équation (1) : $y = 3 - 5x$.
Parmi les quatre méthodes possibles pour exprimer une inconnue en fonction de l'autre, celle-ci paraît en effet la plus astucieuse.
On reporte le résultat dans l'équation (2) : $3x + 2(3 - 5x) = -1$. On obtient ainsi une équation d'inconnue x que l'on peut résoudre : $x = 1$.
On détermine y en remplaçant x par sa valeur dans l'équation (1) :
$y = 3 - 5 \times 1 = -2$.
On conclut : (S) a pour solution le couple $(1 ; -2)$.

La méthode par combinaison

Exemple 1

On veut résoudre le système (S) : $\begin{cases} -x + y = -3 & (1) \\ 3x - y = -1 & (2) \end{cases}$

On remarque qu'en additionnant les deux équations membre à membre, les termes en y disparaissent : $2x = -4$ donc $x = -2$.
On reporte la valeur de x dans (1) : $2 + y = -3$ donc $y = -5$.
La solution est le couple $(-2 ; -5)$.

Exemple 2

On veut résoudre le système (S') : $\begin{cases} x + 2y = 3 & (1) \\ 3x - 5y = -2 & (2) \end{cases}$

On multiplie d'abord les deux membres de (1) par -3.

(S') devient $\begin{cases} -3x - 6y = -9 & (1) \\ 3x - 5y = -2 & (2) \end{cases}$

On peut alors éliminer les termes en x en additionnant les deux équations :
$-11y = -11$ donc $y = 1$. La solution est le couple $(1 ; 1)$.

Applications

Interpréter graphiquement (S) $\begin{cases} 3x + y = -1 \\ -4x + 2y = 8 \end{cases}$

(S) équivaut à : $\begin{cases} y = -3x - 1 \\ y = 2x + 4 \end{cases}$

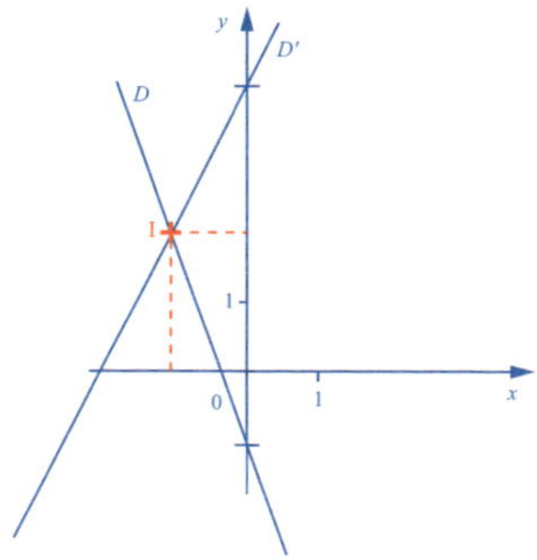

- Chaque équation de (S) peut être vue comme l'équation d'une droite représentant une fonction affine. Résoudre le système (S) revient à lire les coordonnées $(x ; y)$ du point d'intersection des droites D d'équation $y = -3x - 1$ et D' d'équation $y = 2x + 4$.
- On représente donc D et D' et on lit sur le graphique les coordonnées de leur point d'intersection.

Ici, les droites D et D' passent par le point I (–1 ; 2).
(S) a pour solution (–1 ; 2).

- Remarques :

– certains systèmes n'ont pas de solution : les droites correspondantes sont parallèles ;
– D'autres systèmes ont une infinité de solutions : les droites correspondantes sont confondues.

Mettre en équation un problème comportant deux inconnues

Problème

Le périmètre d'un rectangle G mesure 44 m. L'aire de G ne change pas si on augmente la longueur de 3 m tout en diminuant la largeur de 2 m. Quelle est l'aire du rectangle G ?

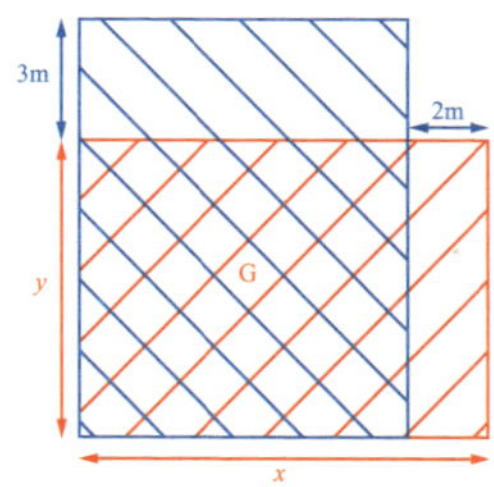

Choix des inconnues

Pour calculer l'aire du rectangle G, il faut connaître ses dimensions. Soit x la largeur et y la longueur.

Mise en équation

Le périmètre de G est égal à 44 m. $2x + 2y = 44$, soit $x + y = 22$.
D'après l'énoncé, on a aussi : $xy = (x - 2)(y + 3)$.

Résolution du système et réponse à la question

- En traduisant les données, on a écrit un système :

$$\begin{cases} x + y = 22 \\ xy = (x - 2)(y + 3) \end{cases}$$

- En résolvant ce système par substitution, on obtient la solution (10 ; 12).

La largeur de G est 10 m ; sa longueur est 12 m. Son aire est donc 120 m^2.

Trigonométrie dans le triangle rectangle

L'essentiel du cours

LE COURS À ÉCOUTER

Dans un triangle ABC rectangle en A, on a :

$\cos(\hat{B}) = \dfrac{\text{côté adjacent à } \hat{B}}{\text{hypoténuse}} = \dfrac{AB}{BC}$

$\sin(\hat{B}) = \dfrac{\text{côté opposé à } \hat{B}}{\text{hypoténuse}} = \dfrac{AC}{BC}$

$\tan(\hat{B}) = \dfrac{\text{côté opposé à } \hat{B}}{\text{côté adjacent à } \hat{B}} = \dfrac{AC}{AB}$

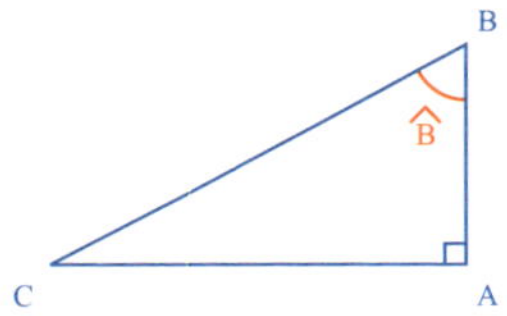

Applications

Calculer la longueur d'un côté dans un triangle rectangle

Si on connaît un angle et un côté d'un triangle rectangle, on peut calculer les autres côtés.
Soit ABC un triangle rectangle en A.
On donne : $\hat{b} = 30°$ et AC = 5.
On veut calculer BC et AB.
[AC] étant le côté opposé à l'angle $\hat{b}$, on peut calculer BC avec $\sin(\hat{b})$, puis calculer AB avec $\tan(\hat{b})$.

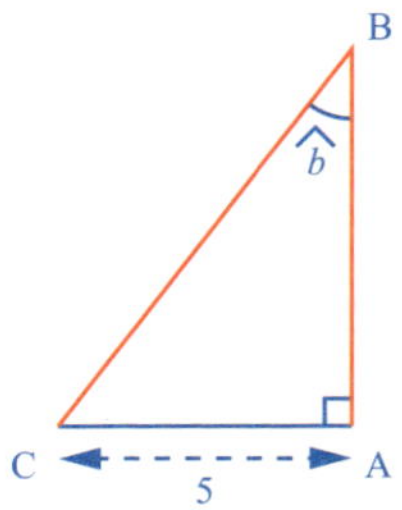

Calcul de BC : $\sin(\hat{b}) = \dfrac{AC}{BC}$ donc $BC = \dfrac{AC}{\sin(\hat{b})} = \dfrac{5}{\sin(30°)} = \dfrac{5}{0{,}5} = 10$.

Calcul de AB : $\tan(\hat{b}) = \dfrac{AC}{AB}$ donc $AB = \dfrac{AC}{\tan(\hat{b})} = \dfrac{5}{\tan(30°)} \approx 8{,}66$.

Calculer la mesure d'un angle dans un triangle rectangle

Si on connaît deux côtés d'un triangle rectangle, on peut calculer la mesure des trois angles.
Soit ABC un triangle rectangle en A.
On donne : AB = 7 et AC = 5.
On veut calculer la mesure des angles $\hat{b}$ et $\hat{c}$.
Ici, on connaît [AC], le côté opposé à l'angle $\hat{b}$ et [AB], le côté adjacent à l'angle $\hat{b}$.

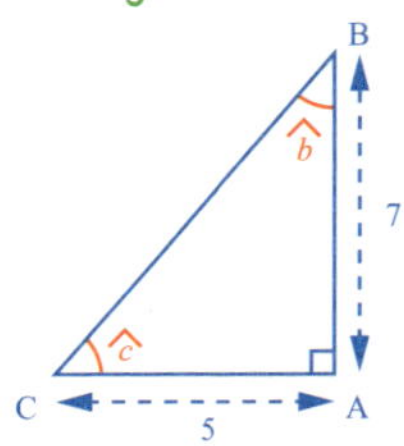

On va donc utiliser $\tan(\hat{b})$ pour calculer $\hat{b}$.

Calcul de $\hat{b}$: $\tan(\hat{b}) = \frac{AC}{AB} = \frac{5}{7}$.

On obtient la valeur de $\hat{b}$ en utilisant la fonction inv tan de la calculatrice.
$\hat{b} \approx 35°$ (à un degré près par défaut).

Calcul de $\hat{c}$: $\hat{c} = 90° - 35°$ car la somme des angles d'un triangle est 180°.

$\hat{c} \approx 55°$.

Faire des calculs trigonométriques avec la calculatrice

Calcul du sinus

On veut obtenir une valeur approchée du sinus d'un angle de 50°.
On met la calculatrice en mode degré ; on tape 50 puis sin.
L'affichage est : 0,7660444431.
Le résultat est : $\sin 50° \approx 0,766$ (au millième près).
Remarque : la démarche est la même pour calculer un cosinus ou une tangente.

Calcul de l'angle

On veut obtenir une valeur approchée de la mesure x d'un angle qui a pour tangente le nombre 100.
On met la calculatrice en mode degré ; on tape 100, inv puis tan.
L'affichage est : 89,4270613.
Le résultat est : l'angle qui a pour tangente 100 mesure 89,4° (au dixième près par défaut).
Remarque : la démarche est la même si on connaît un cosinus ou un sinus.

Utiliser les relations entre cosinus et sinus

Première relation

- Pour tout angle aigu a : $\cos^2 a + \sin^2 a = 1$.

Attention, $\cos^2 a$ désigne $(\cos a)^2$ et non le cosinus du carré de a.

- Remarque : cette relation permet de calculer le sinus d'un angle quand on connaît son cosinus (ou vice-versa).

Seconde relation

- Lorsque deux angles sont complémentaires, le cosinus de l'un est égal au sinus de l'autre.
- Exemple : soit ABC un triangle rectangle en A, les angles $\hat{b}$ et $\hat{c}$ sont complémentaires.

On a donc :
$\cos(\hat{b}) = \sin(\hat{c})$
$\cos(\hat{c}) = \sin(\hat{b})$

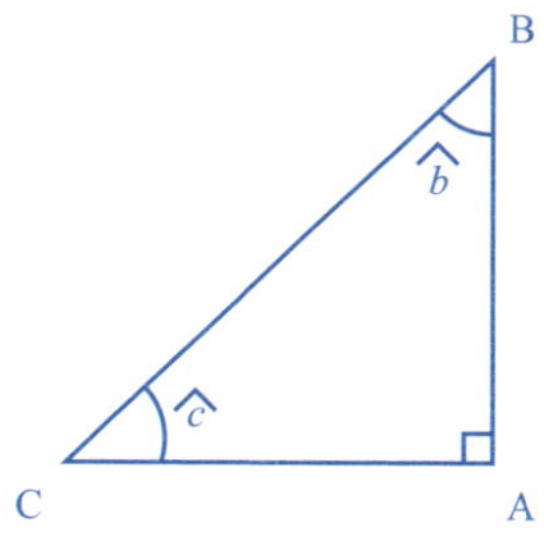

Théorème de Pythagore et sa réciproque

L'essentiel du cours

LE COURS À ÉCOUTER

Théorème de Pythagore

Propriété

La propriété de Pythagore permet de calculer la longueur d'un côté d'un triangle rectangle quand on connaît les longueurs des deux autres côtés.

Exemples

- On veut calculer l'hypoténuse BC du triangle ABC, rectangle en A.

On connaît : AB = 12 et AC = 5.

D'après la propriété de Pythagore, on a : $BC^2 = AB^2 + AC^2$.

$BC^2 = 144 + 25 = 169$

BC = 13

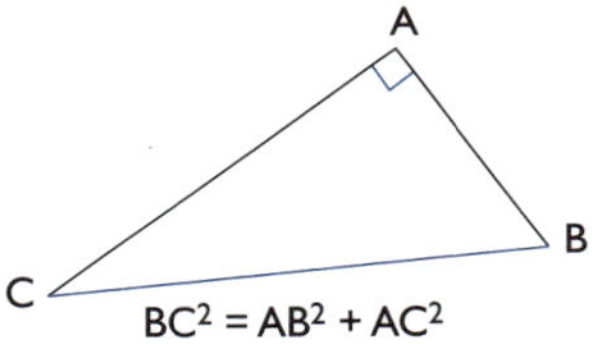

- Dans EFG, rectangle en F, on veut calculer EF.

On connaît : EG = 7 ; FG = 5.

On écrit : $EG^2 = EF^2 + FG^2$.

Donc : $49 = EF^2 + 25$

Et : $EF^2 = 49 - 25 = 24$.

Avec la touche $\sqrt{x}$ de la calculatrice, on obtient : EF ≈ 4,9 (arrondi à 0,01 près).

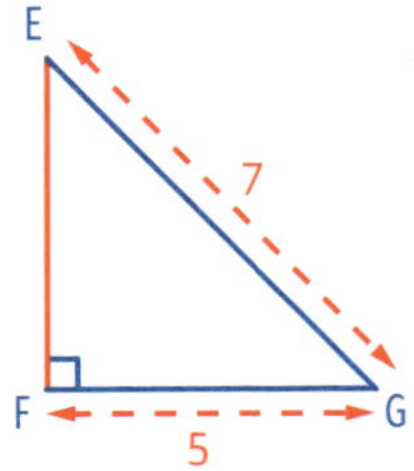

Réciproque du théorème de Pythagore

Définition

Qu'est-ce qu'un théorème réciproque ? Considérons un théorème dont l'énoncé est : « Soit tel objet. Si proposition *P*, alors proposition *Q* ». L'énoncé réciproque s'obtient en échangeant les propositions *P* et *Q* : « Soit tel objet. Si proposition *Q*, alors proposition *P* ». Si cet énoncé est vrai, on l'appelle théorème réciproque.

Propriété

La réciproque du théorème de Pythagore permet de montrer qu'un triangle est rectangle.

Si, dans un triangle ABC, on a $BC^2 = AB^2 + AC^2$, alors le triangle ABC est rectangle en A et [BC] est l'hypoténuse de ce triangle.

Exemple

Soit un triangle MNP.
On a MN = 4,8 ; MP = 1,4 ; NP = 5.
[NP] est le plus grand côté du triangle.
Calculons NP^2 et $MN^2 + MP^2$ pour savoir si le triangle MNP est rectangle.
$NP^2 = 25$ et $MN^2 + MP^2 = 23{,}04 + 1{,}96 = 25$.
Les deux résultats sont égaux. D'après la réciproque du théorème de Pythagore, le triangle MNP est donc rectangle en M.
Remarque : si on avait $NP^2 \neq MN^2 + MP^2$, le triangle ne serait pas rectangle, mais la propriété utilisée serait la contraposée du théorème de Pythagore (voir ci-dessous).

Applications du théorème de Pythagore

1re application

On veut calculer la mesure de la diagonale AC du rectangle ABCD.
AB = 4 et BC = 3.
On applique la propriété de Pythagore dans le triangle ABC est rectangle en B.

$AC^2 = AB^2 + BC^2$

Donc : $AC^2 = 16 + 9 = 25$. On obtient : AC = BD = 5.

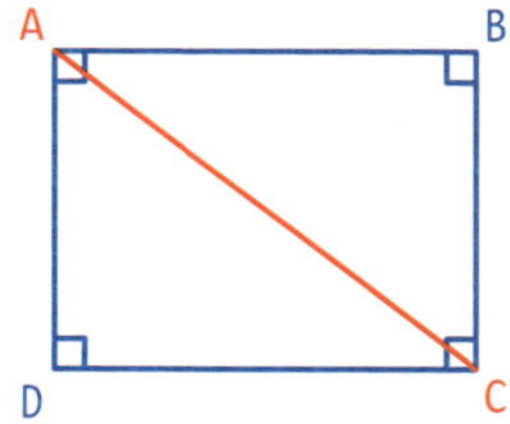

2e application

On veut calculer la mesure de [AH], hauteur du triangle isocèle en A. AB = AC = 10 et BC = 16.

[AH] est hauteur et médiatrice, donc BH = 16 ÷ 2 = 8.
ABH est rectangle en H, donc :
$AH^2 = AB^2 - BH^2$
$AH^2 = 10^2 - 8^2$
$AH^2 = 100 - 64 = 36$
AH = 6.

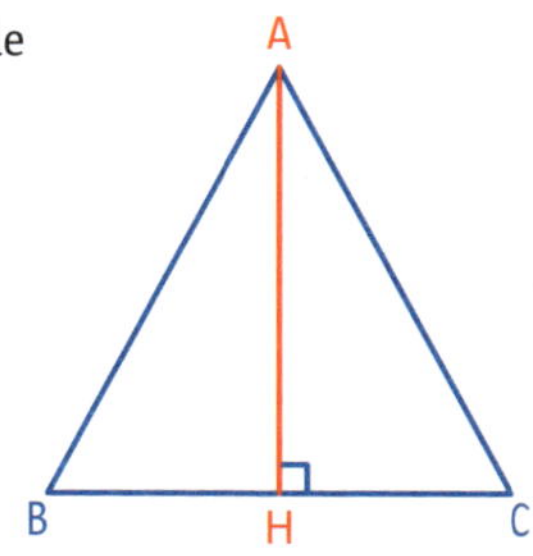

3e application (contraposée)

- Considérons un théorème dont l'énoncé est : « Soit tel objet. Si proposition *P*, alors proposition *Q* ». Sa contraposée s'obtient en échangeant les propositions non *Q* avec *P* et non *P* avec *Q* : « Soit tel objet. Si proposition non *Q*, alors proposition non *P* ». Si cet énoncé est vrai, on l'appelle contraposée du théorème.
- Ici, la proposition *P* est « ABC est rectangle », la proposition non *P* est « ABC n'est pas rectangle », la proposition *Q*, « $BC^2 = AB^2 + AC^2$ » et la proposition non *Q*, « $BC^2 \neq AB^2 + AC^2$ ».

- Soit un triangle ABC.

On a AB = 5 ; AC = 3,3 ; BC = 6.
Calculons BC^2 et $AB^2 + AC^2$ pour savoir si le triangle ABC est rectangle :
$BC^2 = 36$ et $AB^2 + AC^2 = 25 + 10{,}89$.
Les résultats sont différents, donc le triangle ABC n'est pas rectangle.

Théorème de Thalès et sa réciproque

LE COURS À ÉCOUTER

L'essentiel du cours

Théorème de Thalès

- Quand on coupe deux droites sécantes au point A par deux droites parallèles (MN) et (BC), on obtient deux triangles ABC et AMN.
- Le théorème de Thalès énonce que, dans ce type de configuration, les longueurs des côtés d'un triangle sont proportionnelles aux côtés associés de l'autre triangle.

On a : $\frac{AM}{AB} = \frac{AN}{AC} = \frac{MN}{BC}$

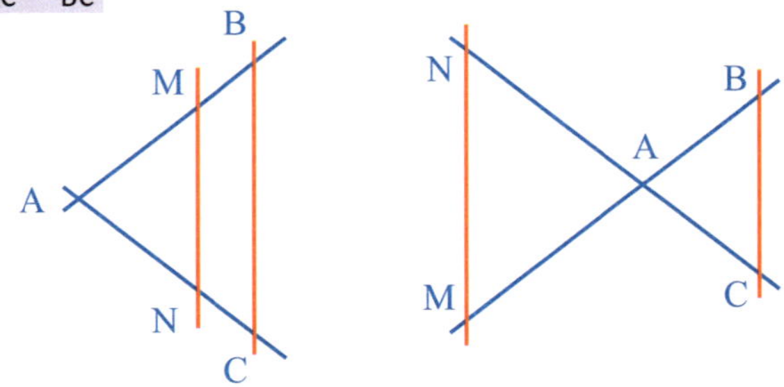

Réciproque du Théorème de Thalès

Inversement, dans les configurations ci-dessus, si on a les égalités $\frac{AM}{AB} = \frac{AN}{AC} = \frac{MN}{BC}$, alors les droites (MN) et (BC) sont parallèles.

Applications

Montrer que deux droites sont parallèles

Exemple

On donne un triangle IJK avec : IJ = 3,6 ; IK = 4,5.
On place E sur [IJ] et F sur [IK] tels que : IE = 2,4 et IF = 3.
On veut prouver que : (EF) // (KJ).

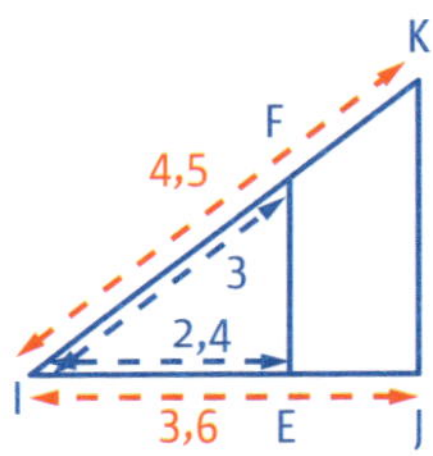

Résolution

On utilise la réciproque du théorème de Thalès.
Par hypothèse, I, E, J, d'une part et I, F, K, d'autre part, sont alignés et ceci dans le même ordre.

On calcule : $\frac{IJ}{IE} = \frac{3,6}{2,4} = 1,5$; $\frac{IK}{IF} = \frac{4,5}{3} = 1,5$.

On a donc : $\frac{IJ}{IE} = \frac{IK}{IF}$.

Les deux hypothèses de la réciproque du théorème de Thalès étant vérifiées, on en déduit que : (EF) // (KJ).

Calculer une longueur avec le théorème de Thalès

Exemple 1

Les droites (EF) et (GH) sont parallèles.

Donc, d'après le théorème de Thalès appliqué aux triangles DEF et DGH, on a : $\frac{DH}{DF} = \frac{DG}{DE} = \frac{GH}{FE}$.

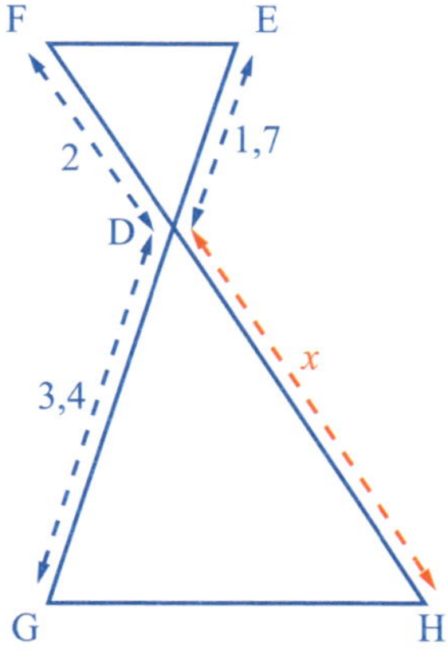

On remplace les longueurs connues par leurs valeurs numériques et la valeur cherchée par l'inconnue x : $\frac{x}{2} = \frac{DH}{DF} = \frac{DG}{DE} = 2$.

On obtient : $x = 4$.

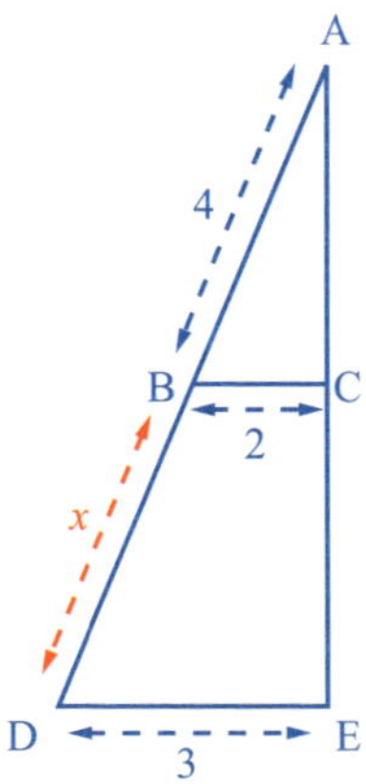

Exemple 2

De même, les droites (DE) et (BC) sont parallèles.

Donc $\frac{AB}{AD} = \frac{AC}{AE} = \frac{BC}{DE}$.

On en déduit que : $\frac{4}{4 + x} = \frac{2}{3}$.

Puis que :

$4 \times 3 = 2 \times (4 + x)$,

$12 = 8 + 2x$

et $2x = 12 - 8 = 4$.

On obtient : $x = 2$.

Théorème de l'angle inscrit

L'essentiel du cours

LE COURS À ÉCOUTER

Angle inscrit

Définition

- $\widehat{AIB}$ est un angle inscrit dans le cercle, car :
  - son sommet I est un point du cercle ;
  - ses côtés coupent le cercle.
- Remarque : on dit que l'angle $\widehat{AIB}$ intercepte le petit arc $\overset{\frown}{AB}$.

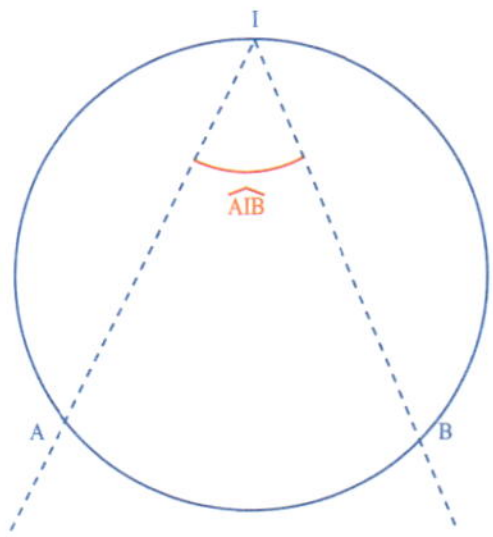

Cas particulier

Si [AB] est un diamètre du cercle, alors : $\widehat{AIB} = 90°$.

Angle au centre

Définition

Un angle au centre est un angle ayant pour sommet le centre du cercle.

Exemple 1

L'angle au centre $\widehat{AOB}$ est saillant.

Il intercepte le petit arc $\overset{\frown}{AB}$.

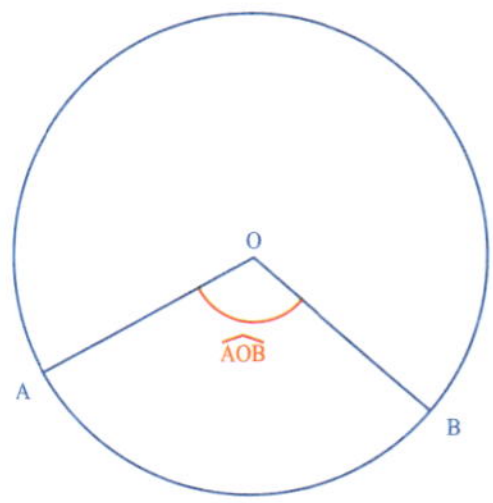

Exemple 2

L'angle au centre $\widehat{AOB}$ est rentrant.

Il intercepte le grand arc $\overset{\frown}{AB}$.

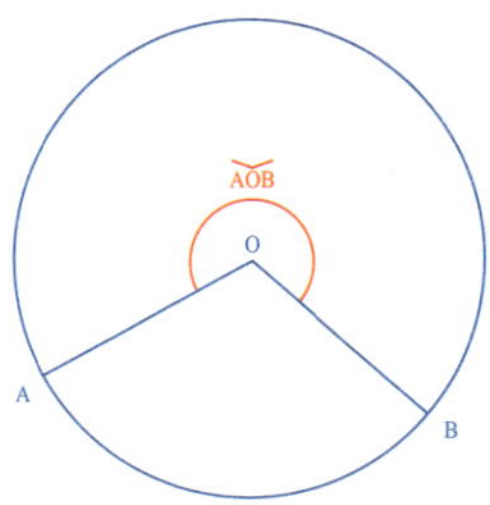

Comparer un angle inscrit et l'angle au centre associé

Propriété

Dans un cercle, un angle inscrit est égal à la moitié de l'angle au centre qui intercepte le même arc.

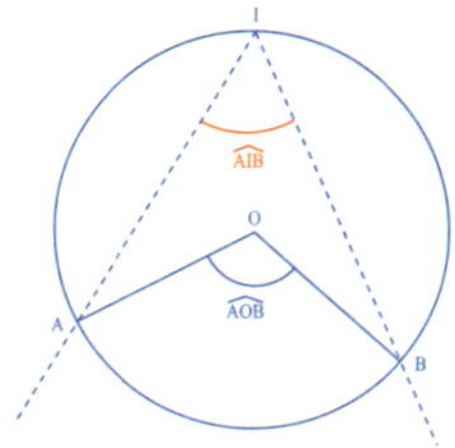

Exemple

L'angle inscrit $\widehat{AIB}$ et l'angle au centre $\widehat{AOB}$ interceptent le même arc $\overset{\frown}{AB}$.

Donc : $\widehat{AIB} = \frac{1}{2}\widehat{AOB}$.

Comparer deux angles inscrits interceptant le même arc

Propriété

Deux angles inscrits qui interceptent le même arc sont égaux.

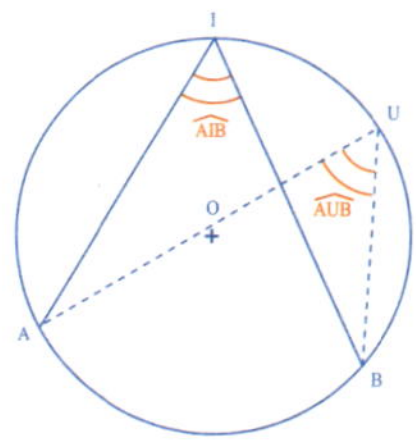

Exemple

Les angles inscrits $\widehat{AIB}$ et $\widehat{AUB}$ interceptent le même arc $\overset{\frown}{AB}$.

Donc : $\widehat{AIB} = \widehat{AUB}$.

Remarque

$\widehat{AIB}$ et $\widehat{AUB}$ sont tous deux égaux à la moitié de l'angle au centre $\widehat{AOB}$.

Applications

Cas de l'angle inscrit interceptant le petit arc $\overset{\frown}{AB}$

On connaît l'angle au centre interceptant le petit arc $\overset{\frown}{AB}$: $\widehat{AOB} = 120°$.

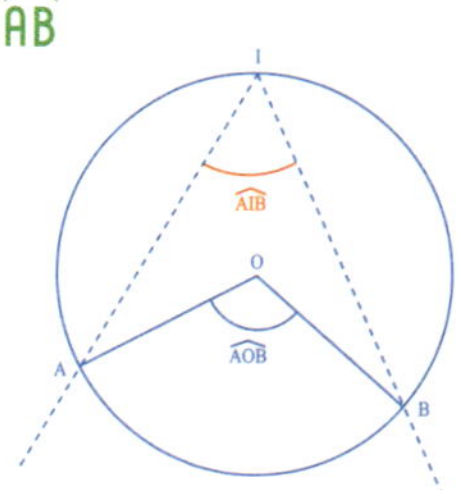

Par conséquent, l'angle inscrit $\widehat{AIB}$ qui intercepte le petit arc $\overset{\frown}{AB}$ est égal à la moitié de l'angle $\widehat{AOB}$: $\widehat{AIB} = 60°$.

Cas de l'angle inscrit interceptant le grand arc $\overset{\frown}{AB}$

On connaît l'angle au centre interceptant le grand arc $\overset{\frown}{AB}$: $\widecheck{AOB} = 240°$.

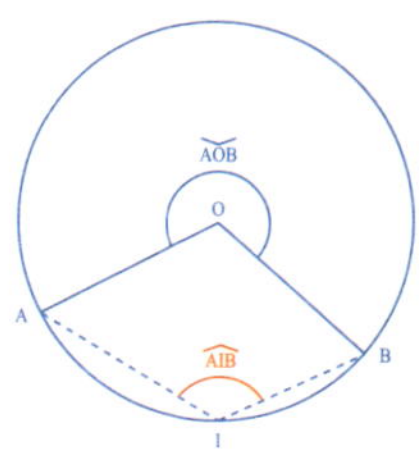

Par conséquent, l'angle inscrit $\widehat{AIB}$ qui intercepte le grand arc $\overset{\frown}{AB}$ est égal à la moitié de l'angle $\widecheck{AOB}$: $\widehat{AIB} = 120°$.

Polygones réguliers

L'essentiel du cours

Définition

Un polygone est régulier quand :
– ses côtés ont la même longueur ;
– et ses angles sont égaux.
Ici, la figure ABCDEF est un hexagone régulier.

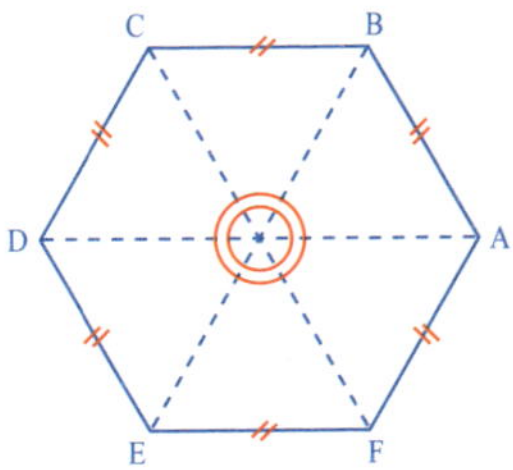

Propriétés

Un polygone régulier peut s'inscrire dans un cercle.
Dans un polygone régulier à n côtés, les angles au centre, relatifs aux côtés, mesurent tous $\frac{360°}{n}$.

Ici, les angles au centre de l'hexagone mesurent : $\frac{360°}{6} = 60°$.

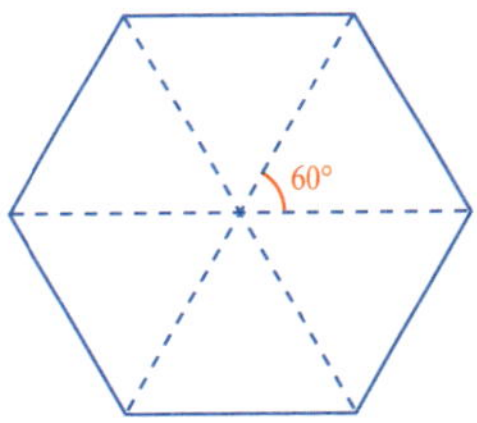

Exemples de polygones réguliers

Reconnaître et construire un hexagone régulier

Construction

On veut construire un hexagone régulier, connaissant le centre O de son cercle circonscrit et un sommet A.
On trace le cercle de rayon OA.
On place alors B, C, D, E et F avec le compas (chaque côté a la même longueur que OA).

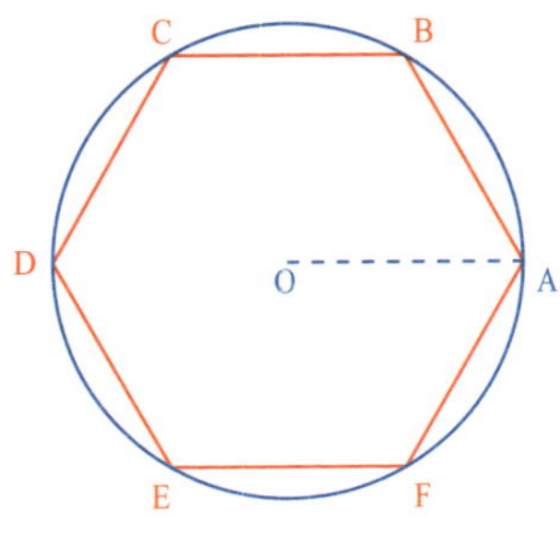

Propriétés

Un hexagone régulier a six axes de symétrie.
O est son centre de symétrie.
Les six angles de l'hexagone mesurent 120°.
Les angles au centre de sommet O mesurent : $\frac{360°}{6} = 60°$.

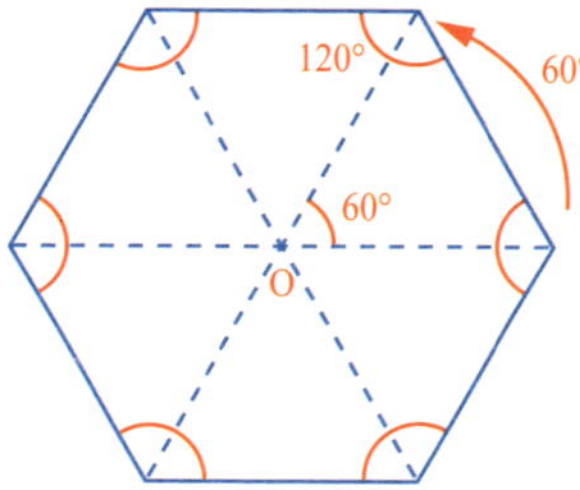

Reconnaître et construire un octogone régulier

Construction

On veut construire un octogone régulier, connaissant le centre O de son cercle circonscrit et un sommet A.
On trace le cercle de rayon OA.
Puis, à partir de OA, on construit des angles successifs de 45°.

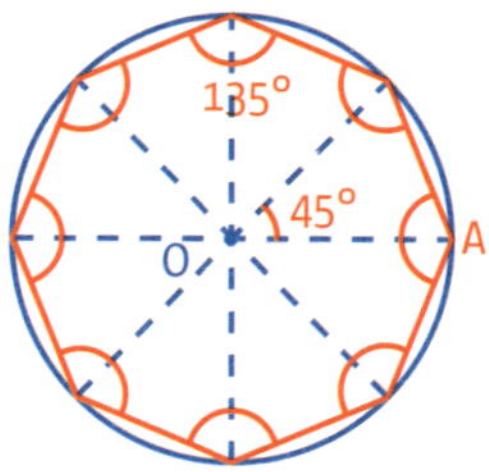

Propriétés

Un octogone régulier a huit axes de symétrie.
O est son centre de symétrie.
Les huit angles de l'octogone mesurent 135°.

Les angles de sommet O mesurent : $\frac{360°}{8} = 45°$.

Notions à connaître

Axe de symétrie

- Une droite est un axe de symétrie d'une figure si, après pliage le long de cette droite, les deux moitiés de la figure se superposent.
- Une figure qui a un axe de symétrie est dite symétrique par rapport à cette droite.

Centre de symétrie

- Une figure a un centre de symétrie si, lorsqu'on la fait tourner d'un demi-tour autour de ce point, elle ne varie pas.
- Une figure qui a un centre de symétrie est dite symétrique par rapport à ce point.

Sections planes de solides

L'essentiel du cours

LE COURS À ÉCOUTER

Couper un cube ou un pavé droit par un plan parallèle à une face ou à une arête

Cas d'un plan IJKL parallèle à une face ADHE

Propriété : la section IJKL est un quadrilatère de même nature que la face ADHE.

- Si ADHE est un carré, alors la section IJKL est un carré.

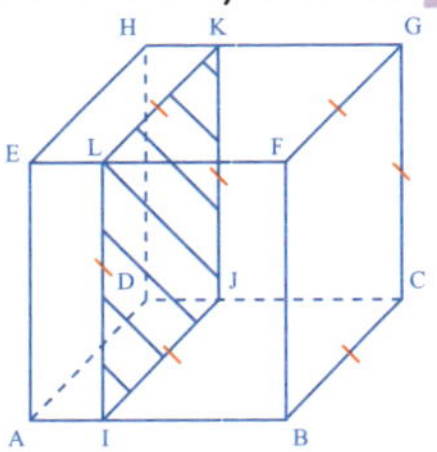

- Si ADHE est un rectangle, alors la section IJKL est un rectangle.

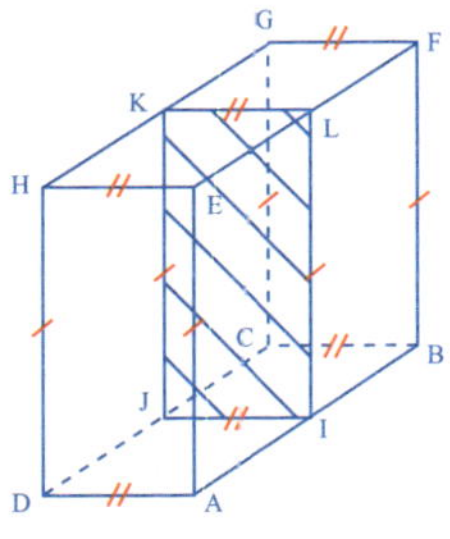

Cas d'un plan IJKL parallèle à une arête [DH]

Propriété : La section IJKL est un rectangle.

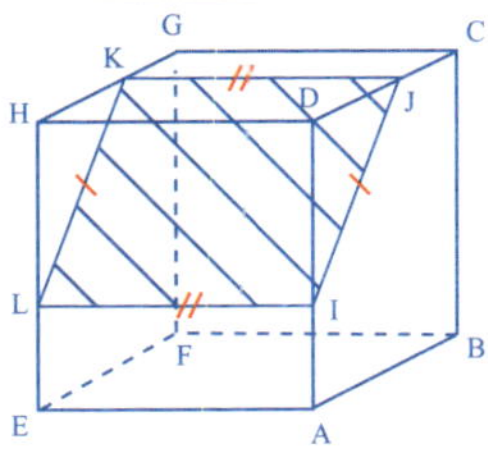

Couper un cylindre par un plan parallèle ou perpendiculaire à son axe

- Quand on coupe un cylindre par un plan perpendiculaire à son axe, la section est un disque de même rayon que les disques de bases.

● Quand on coupe un cylindre par un plan parallèle à son axe, la section est un rectangle dont une des longueurs est égale à la hauteur du cylindre.

Couper une pyramide régulière par un plan parallèle à sa base

La section d'une pyramide régulière par un plan parallèle à sa base est un polygone de même nature que sa base et on obtient une nouvelle pyramide qui est une réduction de celle de départ.

Couper un cône régulier par un plan parallèle à sa base

La section d'un cône régulier par un plan parallèle à sa base est un disque et on obtient un nouveau cône qui est une réduction de celui de départ.

Applications

Section d'une pyramide régulière par un plan parallèle à sa base

Sur la figure ci-contre, on suppose que : SH = 2 × SH' ; AB = AD = 6 cm et SH = 15 cm. Calculer le volume des deux pyramides.

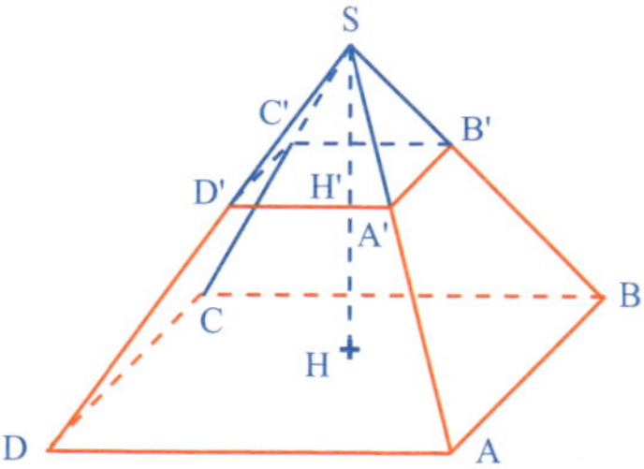

● $V = \frac{1}{3} \times B \times h$ avec h = SH la hauteur de la pyramide et B l'aire de la base.

$V = \frac{1}{3} \times 6^2 \times 15 = 12 \times 15 = 180$. Le volume de la pyramide initiale SABCD est de 180 cm^3.

● Sachant que SH = 2 × SH', on a $V = 2^3 \times v$ donc $v = \frac{180}{8} = 22{,}5$.

Le volume de la pyramide réduite SA'B'C'D' est de 22,5 cm^3.

Section d'un cône régulier par un plan parallèle à sa base

Sur la figure ci-contre, on suppose que SO = 6 ; R = 5,4 cm et SH = 2 cm.

Calculer le volume V du cône initial.

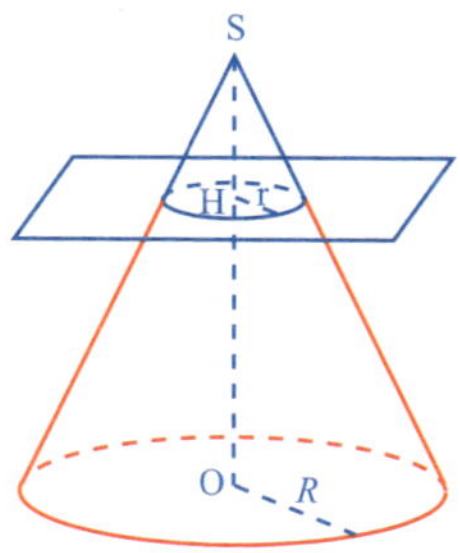

● $V = \frac{1}{3} \times \pi \times R^2 \times h$ avec h = SO la hauteur du cône et R le rayon du disque du cône.

$V = \frac{1}{3} \times \pi x\ 5{,}4^2 \times 6 \approx 183{,}22$ cm^3. Le volume du cône initial est d'environ 183,22 cm^3.

● Calculer le rayon r du petit cône puis son volume v.

$\frac{SO}{SH} = \frac{R}{r} = \frac{6}{2} = 3$ donc $r = \frac{R}{3} = \frac{5{,}4}{3} = 1{,}8$. Le rayon du petit cône est 1,8 cm.

$V = 3^3 \times v$ donc $v = \frac{V}{27} \approx \frac{183{,}22}{27} \approx 6{,}79$. Le volume du petit cône est d'environ 6,79 cm^3.

Sections planes d'une sphère

L'essentiel du cours

Couper une sphère par un plan

Considérons une sphère de centre O et de rayon *r*, et un plan *P*. H est le point tel que OH est la distance du plan *P* au centre O de la sphère. On peut distinguer trois cas.

Cas où OH > *r*

Le plan *P* est alors suffisamment éloigné de la sphère pour ne pas la couper. Dans ce cas, le plan et la sphère n'ont aucun point commun.

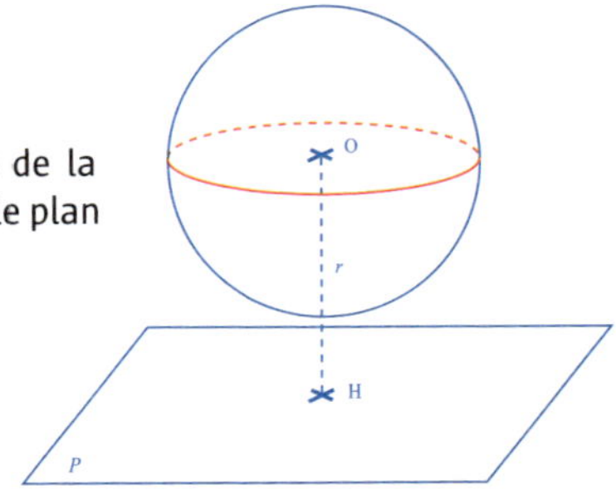

Cas où OH = *r*

Dans ce cas, le point H se trouve sur la sphère, et c'est le seul point commun à la sphère et au plan. On dit alors que la sphère et le plan sont tangents, comme on le dit d'une droite et d'un cercle qui n'ont qu'un point commun.

Cas où OH < *r*

- Dans ce cas, le plan coupe vraiment la sphère. L'intersection du plan et de la sphère est un cercle de centre H.

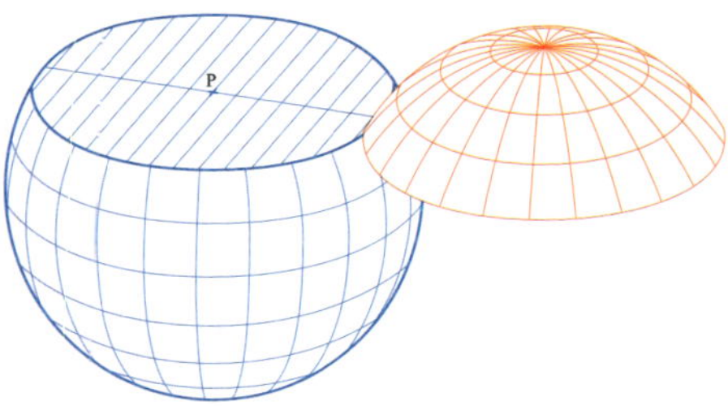

- Remarques :

– plus le plan *P* est proche de O, plus le rayon de la section est grand ;

– si on connaît la distance OH et le rayon OM de la sphère, on peut calculer ce rayon en appliquant la propriété de Pythagore au triangle rectangle OHM.

Applications

Travailler sur une sphère

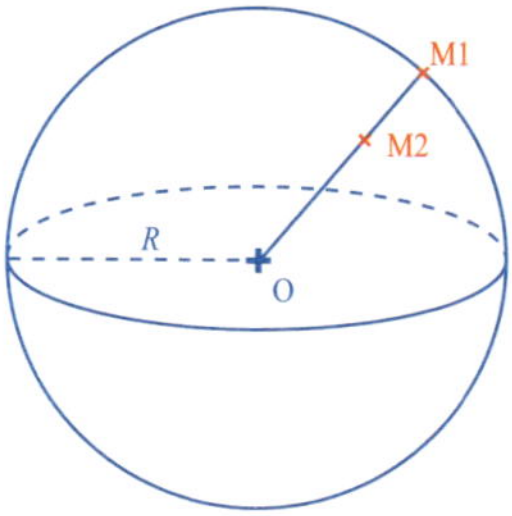

- Soit une sphère de centre O et de rayon R :
- si on a un point M1 tel que OM1 = R alors M1 est sur la sphère ;
- si on a un point M2 tel que OM2 $\leqslant R$ alors M2 appartient à la boule.

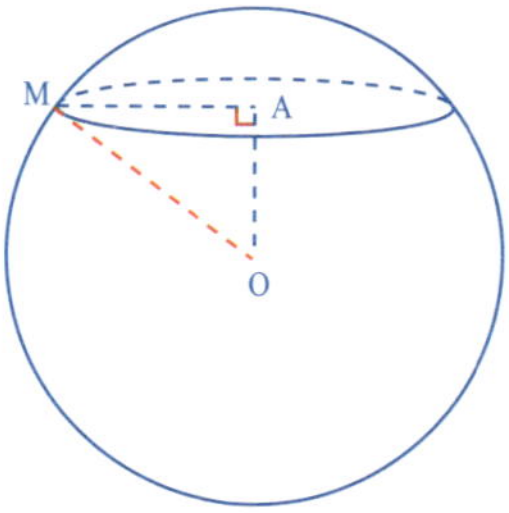

- La section d'une sphère par un plan est un cercle.
- Pour déterminer son rayon, on applique la propriété de Pythagore.

A étant le centre de la section, AM son rayon et OM le rayon de la sphère, on a : $OM^2 = AM^2 + OA^2$.
On en déduit facilement le rayon de la section AM.

Exercice de brevet

Extrait du sujet Amérique du nord, juin 2003

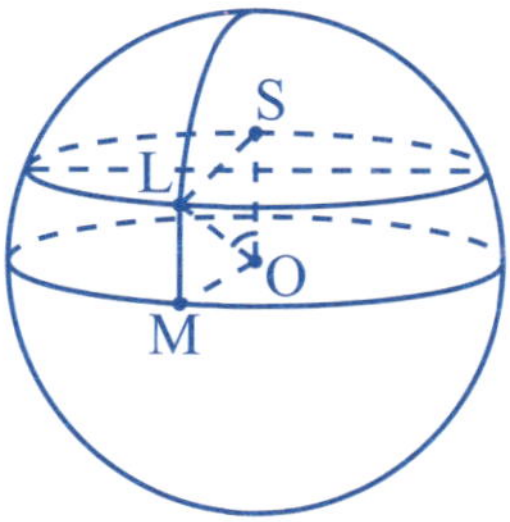

Le dessin ci-contre représente la Terre qui est assimilée à une sphère de 6 370 km de rayon. Le cercle de centre O passant par M représente l'équateur. Le point L représente la ville de Londres. L est situé sur la sphère et sur le cercle de centre S. On admettra que l'angle $\widehat{LSO}$ est un angle droit. On donne OS = 4 880 km.

1. Calculer SL au km près.

2. Calculer la mesure de l'angle $\widehat{SOL}$ et arrondir au degré prés.

3. En déduire au degré près la latitude Nord de Londres par rapport à l'équateur, c'est à dire l'angle $\widehat{LOM}$.

Correction

1. Le triangle OSL est rectangle en S, donc d'après le théorème de Pythagore : $OL^2 = SL^2 + SO^2$.
On a $SL^2 = OL^2 - SO^2 = 6\,370^2 - 4\,880^2 = 16\,762\,500$ et $SL = \sqrt{16\,762\,500} \approx 4\,094$ km.

2. $\cos \widehat{SOL} = \dfrac{SO}{OL} = \dfrac{4880}{6370} \approx 0{,}766$ donc $\widehat{SOL} \approx 40°$ (au degré près).

3. $\widehat{LOM} + \widehat{SOL} = 90°$ donc $\widehat{LOM} = 90° - \widehat{SOL} \approx 90° - 40° = 50°$.

Calculs d'aires

LE COURS À ÉCOUTER

L'essentiel du cours

Aire d'une sphère

Formule

L'aire A d'une sphère de rayon r est donnée par la formule $A = 4\pi r^2$.

Exemple 1

Cherchons l'aire d'une balle de tennis de table, sachant qu'elle a la forme d'une sphère de 19 mm de rayon. Comme $4\pi \times 19^2 = 1\,444\pi$, on trouve que l'aire de la balle est égale à $1\,444\pi$ mm$^2 \approx 45$ cm^2.

Exemple 2

L'aire d'une sphère de rayon 9 cm est égale à $4\pi \times 9^2 = 324\pi = 1\,017{,}36$ cm^2.

Aire d'un rectangle

Formule

Pour calculer l'aire A d'un rectangle, on multiplie sa longueur L par sa largeur l : $A = L \times l$.
Longueur et largeur doivent être exprimées dans la même unité.

Exemple

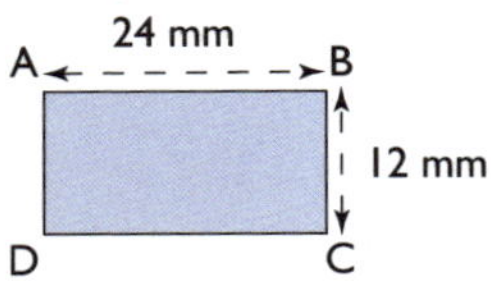

L'unité choisie étant ici le mm^2, on obtient l'aire du rectangle ABCD en calculant : $24 \times 12 = 288$.
L'aire du rectangle ABCD est égale à 288 mm^2.

Aire d'un carré

Pour calculer l'aire A d'un carré, il suffit de multiplier le côté c par lui-même : $A = c \times c$.

Aire d'un triangle rectangle

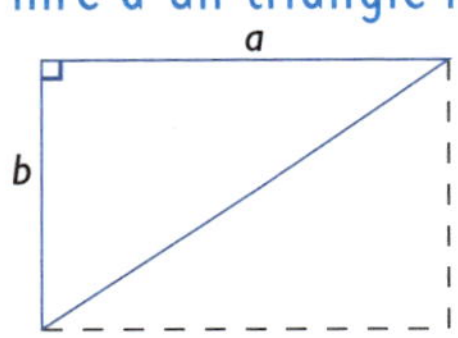

L'aire d'un triangle rectangle vaut la moitié de l'aire du rectangle correspondant. L'aire A du triangle rectangle représenté ci-contre est donnée par la formule $A = \frac{a \times b}{2}$ (a et b doivent être exprimées dans la même unité).

Aire d'un triangle

Formule

Soit c la longueur d'un côté d'un triangle et h celle de la hauteur associée à ce côté. L'aire A de ce triangle est donnée par la formule $A = \frac{c \times h}{2}$ (c et h doivent être exprimées dans la même unité).

Exemple

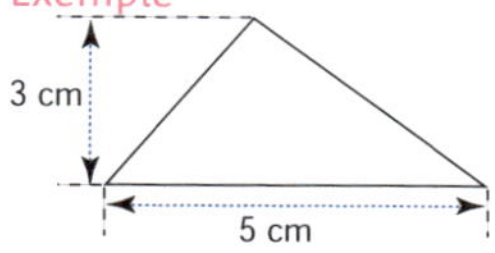

Ce triangle a une aire égale à $\frac{5 \times 3}{2} = 7{,}5$ cm^2.

Aire d'un disque

Formule

Soit r le rayon d'un disque, l'aire A de ce disque est donnée par la formule : $A = \pi \times r \times r = \pi r^2$.

Exemple

Un disque dont le rayon mesure 4 cm a une aire égale à $\pi \times 4 \times 4 \approx 50{,}24$ cm^2.

Exercice de Brevet

Extrait du sujet Asie, juin 2012

Bienvenue dans le parc « d'ani-math-ion » !

Le parc vous accueille dans une entrée-billetterie : c'est un pavé droit à base carrée surmonté d'une coupole semi-sphérique, représenté ci-dessous.

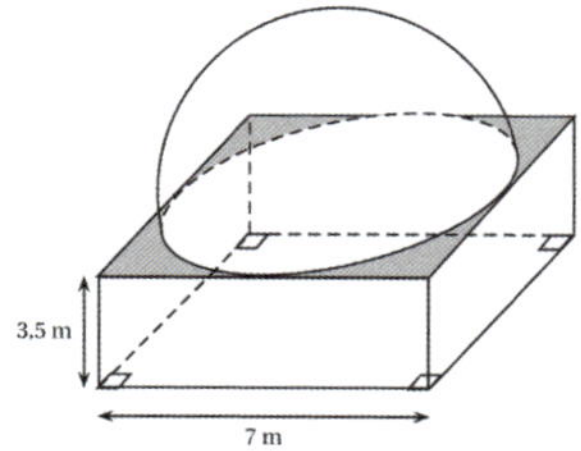

Ouvert depuis quelques années, abîmé par les intempéries, ce bâtiment doit être repeint. Toutes les surfaces extérieures sont repeintes, c'est-à-dire :

- les 4 faces latérales du pavé droit ;
- la partie plane du toit (parties grisées sur la figure) ;
- la coupole semi-sphérique.

Sachant que les ouvertures (portes et fenêtres, non représentées sur la figure) occupent une surface de 18 m^2, montrer que l'aire totale des surfaces à peindre est d'environ 168 m^2.

Correction

L'aire des 4 faces latérales du pavé est : $A1 = 4 \times 3{,}5 \times 7 = 98$ m^2.

L'aire de la partie grisée est la différence entre celle d'un carré et celle d'un disque : $A2 = 7 \times 7 - \pi \times \left(\frac{7}{2}\right)^2 = 49 - 12{,}25\pi$m^2.

L'aire de la coupole semi-sphérique est : $A3 = \frac{1}{2} \times 4\pi \times 3{,}5^2 = 24{,}5\pi$m^2.

L'aire totale des surfaces à peindre est :

$A = A1 + A2 + A3 - 18$

$A = 98 + 49 - 12{,}25\pi + 24{,}5\pi - 18 = 129 + 12{,}25\pi \approx 168$ m^2 (valeur approchée par excès).

Calculs de volumes

LE COURS À ÉCOUTER

L'essentiel du cours

Volume d'une boule

Formule

Le volume d'une boule de rayon R est donnée par la formule : $\frac{4}{3}\pi R^3$.

Exemple 1

Le volume de la boule de rayon 9 cm est égal à :

$\frac{4}{3} \times \pi \times 9^3 = 972\pi \approx 3\,052$ cm^3 (arrondi à l'unité).

La capacité de la boule est donc d'environ 3 litres car :

3 052 cm^3 = 3,052 dm^3 = 3,052 L.

Exemple 2

On veut savoir combien de litres d'air contient un ballon de football, sachant qu'il a la forme d'une sphère de 11 cm de rayon.

Le volume de cette sphère, en cm^3, est égale à :

$\frac{4}{3}\pi \times 11^3 = \frac{4}{3}\pi \times 1\,331 \approx 5\,600$ cm^3 (arrondi à la centaine).

La capacité de ce ballon de football est donc d'environ 5,6 litres car :

5 600 cm^3 = 5,6 dm^3 = 5,6 L.

Volume d'un parallélépipède rectangle

Formule

Soit L, l et h les trois dimensions d'un parallélépipède rectangle (ou pavé droit). Le volume de ce pavé droit V est donné par la formule : $V = L \times l \times h$.

Exemple

Un parallélépipède rectangle de dimensions 7 cm, 5 cm et 3 cm a un volume égal à : $7 \times 5 \times 3 = 105$ cm^3.

Volume d'un cube

Formule

Soit c le côté d'un cube, le volume de ce cube V est donné par la formule : $V = c \times c \times c = c^3$.

Exemple

Un cube de côté 5 cm a un volume égal à : $5 \times 5 \times 5 = 125$ cm^3.

Volume d'un cylindre

Formule

Le volume V d'un cylindre de hauteur h et de rayon R est donné par la formule : $V = \pi \times R^2 \times h$.

Si on appelle B l'aire de la base, c'est-à-dire l'aire d'un disque de rayon R, on a : $B = \pi \times R \times R$.

La formule précédente devient : $V = B \times h$.

Remarque

Pour appliquer ces formules, h, R, B et V doivent être exprimés dans des unités correspondantes. Par exemple, h en cm, R en cm, B en cm² et V en cm³.

Volume d'un cône de révolution

Formule

Soit un cône de révolution de hauteur h et dont la base a pour aire B.

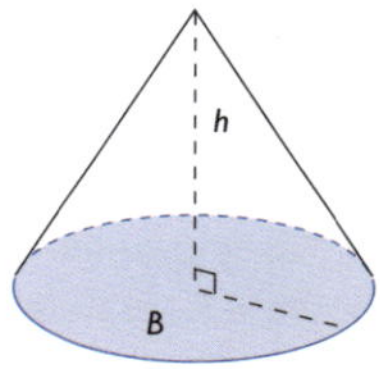

Son volume V est donné par la formule : $V = \frac{1}{3} \times B \times h$.

Dans cette formule, V, B et h sont exprimés dans des unités correspondantes. Par exemple, h en cm, B en cm² et V en cm³.

Remarque

Un cône de révolution a pour volume le tiers du volume du cylindre de révolution construit sur sa base et ayant la même hauteur.

Si r est le rayon de la base, on a aussi : $V = \frac{1}{3} \times \pi \times r^2 \times h$.

Volume d'une pyramide

Formule

Soit une pyramide de hauteur h et dont la base a pour aire B.

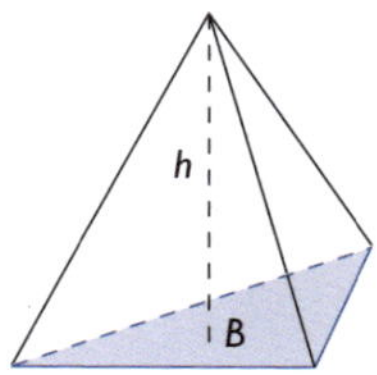

Son volume V est donné par la formule : $V = \frac{1}{3} \times B \times h$.

Dans cette formule, V, B et h sont exprimés dans des unités correspondantes. Par exemple, h en cm, B en cm² et V en cm³.

Exercice de Brevet

Extrait du sujet Amérique du nord, juin 2014

Pour amortir les chocs contre les autres embarcations ou le quai, les péniches sont équipées de boudins de protection. Calculer le volume exact en cm³ du boudin de protection ci-contre, puis arrondir au centième près.

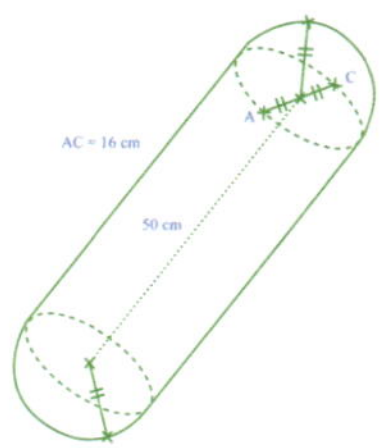

Correction

Le volume du cylindre de diamètre AC = 16 cm, donc de rayon 8 cm, et de hauteur 50 cm est : $V1 = \pi \times 8^2 \times 50 = 3\ 200\pi$ cm³.

Le volume des deux demi-boules de diamètre AC = 16 cm, donc de rayon 8 cm est :

$V2 = \frac{4}{3}\pi \times 8^3 = \frac{4 \times 512\pi}{3} = \frac{2\ 048\pi}{3}$ cm³.

Le volume exact du boudin de protection est donc :

$V = V1 + V2 = 3\ 200\pi + \frac{2\ 048\pi}{3} = \frac{9\ 600\pi + 2\ 048\pi}{3} = \frac{11\ 648\pi}{3}$ cm³.

On a $V \approx 12\ 197{,}76$ cm³ au centième près en utilisant la touche « π » de la calculatrice.

Agrandissement et réduction

L'essentiel du cours

LE COURS À ÉCOUTER

Agrandissement, réduction de rapport k

Définition

Si l'on multiplie toutes les dimensions d'une figure par un nombre k strictement positif, on dit qu'on a effectué :
- un agrandissement de rapport k si $k > 1$;
- une réduction de rapport k si $k < 1$.

Propriétés

- En agrandissant ou en réduisant un objet, on obtient une figure de même nature géométrique.

Ainsi, en réduisant ou en agrandissant un carré, on obtient un carré. En réduisant ou en agrandissant un cylindre de révolution, on obtient un cylindre de révolution.

- Dans un agrandissement ou une réduction de rapport k :
- l'aire d'une surface est multipliée par k^2 ;
- le volume d'un solide est multiplié par k^3.

Exemple

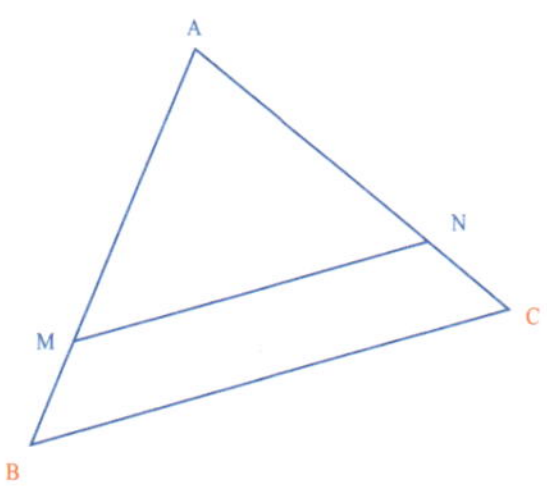

On a (MN) // (BC).

D'après le théorème de Thalès : $\frac{AM}{AB} = \frac{AN}{AC} = \frac{MN}{BC}$.

Autrement dit, les longueurs des côtés des triangles AMN et ABC sont proportionnelles.

On peut donc dire que le triangle AMN est une réduction du triangle ABC.

L'échelle de réduction est égale à $\frac{AM}{AB}$.

Échelle

Définition

L'échelle d'une reproduction est le coefficient de proportionnalité qui permet de passer des dimensions réelles d'une figure aux dimensions correspondantes sur sa reproduction.

Pour déterminer une échelle, on calcule le quotient : $\frac{\text{dimension sur la reproduction}}{\text{dimension réelle correspondante}}$.

Ces dimensions sont exprimées dans la même unité.

Remarque

Si l'échelle est inférieure à 1, la reproduction est une réduction. Si elle est supérieure à 1, la reproduction est un agrandissement.

Applications

Calculer les dimensions d'une figure agrandie ou réduite

Règle

Pour reproduire une figure à l'échelle k, on multiplie les longueurs de ses côtés par k. Son aire est donc multipliée par k^2.

Exemple

Soit un carré ABCD de 6 cm de côté.

On reproduit ce carré à l'échelle $\frac{1}{2}$.

On veut calculer les dimensions du nouveau carré EFGH.

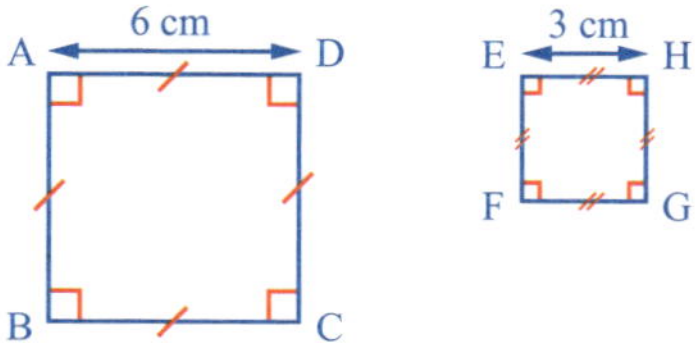

- Périmètre de ABCD : 24 cm.
- Périmètre de EFGH : $24 \times \frac{1}{2} = 12$ cm.
- Aire de ABCD : 36 cm².
- Aire de EFGH : $36 \times \frac{1}{4} = 9$ cm.

Calculer le volume d'un solide agrandi ou réduit

Règle

Pour calculer le volume d'un solide reproduit à l'échelle k, on multiplie le volume initial par k^3.

Exemple 1

Soit un cube d'arête 5 cm. On l'agrandit en multipliant ses dimensions par 4.
Le volume du cube initial est : $5 \times 5 \times 5 = 125$ cm³.
Le volume du cube agrandi est : $125 \times 4^3 = 125 \times 64 = 8\,000$ cm³.

Exemple 2

- On coupe une pyramide par un plan parallèle à sa base. La distance de ce plan à la base est égale à $\frac{2}{3}$ de la hauteur de la pyramide. La petite pyramide ainsi obtenue a un volume de 18 cm³. On veut calculer le volume de la pyramide de départ.
- On sait qu'en coupant une pyramide par un plan parallèle à sa base, on obtient une petite pyramide qui est une réduction de la grande ; calculons le rapport de réduction.

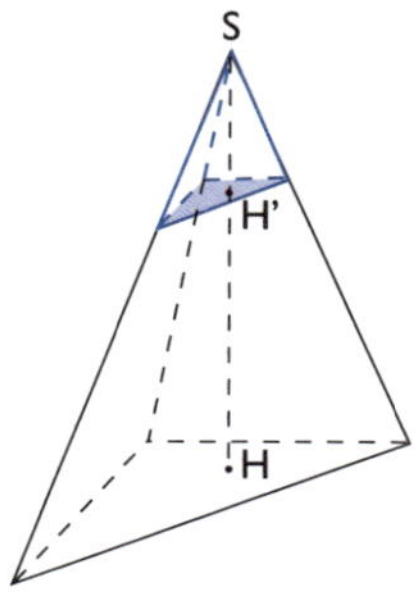

Puisque $HH' = \frac{2}{3}SH$, on a $SH' = \frac{1}{3}SH$.

Le rapport de réduction est égal à $\frac{1}{3}$.

La grande pyramide est donc un agrandissement de la petite, de rapport 3.
Par suite, le volume de la grande pyramide est égal à : $18 \times 3^3 = 18 \times 27 = 486$ cm³.

Grandeurs composées et vitesse moyenne

L'essentiel du cours

LE COURS À ÉCOUTER

Travailler sur des grandeurs-produits

Une grandeur-produit est une grandeur obtenue en faisant le produit de deux grandeurs. Par exemple, l'aire est une grandeur-produit : c'est le produit de deux longueurs.

Travailler sur des grandeurs quotients

Définition

Une grandeur-quotient est une grandeur obtenue en faisant le quotient de deux grandeurs.

Exemples

- La consommation d'une voiture est de 8 L aux 100 : cela signifie que, à vitesse constante, la consommation d'essence est proportionnelle à la distance parcourue.
- Le débit de la Seine est de 500 m^3 par seconde : cela signifie que la quantité d'eau écoulée est proportionnelle à la durée d'écoulement.

Changer d'unité de vitesse

L'unité de vitesse dépend de l'unité de distance et de l'unité de durée utilisées. Les unités le plus souvent utilisées sont les suivantes :

Unité de distance (d)	km	km	km	m
Unité de durée (t)	h	min	s	s
Unité de vitesse correspondante ($v = \frac{d}{t}$)	km/h	km/min	km/s	m/s

Exemple : 1 m/s = 3 600 m / 3 600 s = 3,6 km /1 h = 3,6 km/h.

Applications

Résoudre un problème avec une grandeur-produit

Problème

Cinq amis utilisent la même voiture.
Le conducteur A fait 20 km seul, puis il prend son ami B et ils font ensemble 40 km.
Ils prennent en route les trois amis C, D et E et parcourent avec eux 240 km.
Ils ont dépensé 39 €. Comment partager la dépense ?

Résolution

On utilise une grandeur-produit : le km-passager.

1. Nombre de km-passager : $20 \times 1 + 40 \times 2 + 240 \times 5 = 1\,300$.
2. Prix de revient d'1 km-passager en € : $39 \div 1\,300 = 0{,}03$.
3. Part de chacun en € : A : $300 \times 0{,}03 = 9$; B : $280 \times 0{,}03 = 8{,}4$; C, D et E : $240 \times 0{,}03 = 7{,}2$.

Vérification

9 + 8,4 + 7,2 × 3 = 39 €, qui est bien la somme totale dépensée.

Résoudre un problème de vitesse

- Un avion met 50 min pour faire 550 km. Quelle est sa vitesse moyenne ?

$v = \frac{d}{t} = \frac{550}{50} = 11$ km/min.

Si l'avion parcourt 11 km en 1 min, il peut faire 60 × 11 km en 60 min.

D'où $v = 660$ km/h.

- Combien de temps l'avion met-il pour faire 825 km, à la même vitesse ?

$t = \frac{d}{v} = \frac{825}{660} = 1{,}25$; $t = 1{,}25$ h = 1 h + 0,25 h = 1 h + 0,25 × 60 min = 1 h 15 min.

- On veut maintenant calculer la distance parcourue par l'avion au cours d'un vol d'1 heure à la même vitesse de 660 km/h.

On exprime 1 h $\frac{3}{4}$ sous la forme d'un nombre décimal d'heures : 1 h $\frac{3}{4}$ = 1,75 h.

Puis on se sert de la relation $d = v \times t$: 660 × 1,75 = 1 155 km.

Changer d'unité de vitesse

Sur terre

Une voiture traverse un tunnel long de 8,4 km en 7 min. Quelle est sa vitesse moyenne ?

On sait que $v = \frac{d}{t}$ donc $v = \frac{8{,}4}{7} = 1{,}2$ km/min.

Habituellement, la vitesse d'une voiture est donnée en km/h. Effectuons la conversion. La vitesse est de 1,2 km/min signifie qu'en une minute, la voiture parcourt 1,2 km. En une heure, la voiture parcourt donc 72 km (car 1 h = 60 min et 1,2 × 60 = 72).

La vitesse moyenne de cette voiture est de 72 km/h.

Sur mer

- La vitesse des bateaux est exprimée en nœuds. Un bateau qui a une vitesse d'un nœud parcourt un mille nautique (environ 1 852 m ou 1,852 km) en une heure.
- Un bateau file 15 nœuds. Quelle est sa vitesse en km/h ?

En une heure, le bateau parcourt 15 milles nautiques, c'est-à-dire :

15 × 1,852 km = 27,78 km.

La vitesse de ce bateau est de 28 km/h environ.

Dans les airs

- La vitesse des avions est exprimée le plus souvent en Mach. Un avion qui vole à Mach 1 va à la vitesse du son (340 m/s).
- Un avion de chasse vole à la vitesse de Mach 2. Cela signifie qu'il va deux fois plus vite que le son. Quelle est sa vitesse en km/h ?

La vitesse du son est de 340 m/s : en une seconde, il parcourt 340 m.

En 1 h = 60 min = 60×60 s = 3 600 s, il parcourt 340 × 3 600 = 1 224 000 m = 1 224 km.

Une vitesse de Mach 1 est égale à 1 224 km/h. Finalement, l'avion de chasse, qui vole à Mach 2, a une vitesse de 2 × 1 224 km/h, soit 2 448 km/h.

ISBN : 978-2-82080-413-6

Achevé d'imprimer par Lesaffre en Belgique en mars 2015.
Dépôt légal : mars 2015.